U0175137

未读 | 探索家

物理学的慰藉

THE CONSOLATIONS OF PHYSICS

写给宇宙奇迹的情书

WHY THE WONDERS OF THE UNIVERSE CAN MAKE YOU HAPPY

[英]蒂姆·拉德福德——著
Tim Radford
张悦——译

天津出版传媒集团
天津科学技术出版社

UNREAD

著作权合同登记号：图字 02-2022-009

图书在版编目（CIP）数据

物理学的慰藉 / (英) 蒂姆·拉德福德著；张悦译. -- 天津：天津科学技术出版社，2022.4

书名原文：The Consolations of Physics: Why the Wonders of the Universe Can Make You Happy

ISBN 978-7-5576-9925-3

Ⅰ. ①物… Ⅱ. ①蒂… ②张… Ⅲ. ①物理学－普及读物 Ⅳ. ①O4-49

中国版本图书馆CIP数据核字(2022)第037518号

物理学的慰藉
WULIXUE DE WEIJIE

选题策划：联合天际·边建强
责任编辑：刘　磊
出　　版：天津出版传媒集团
　　　　　天津科学技术出版社
地　　址：天津市西康路35号
邮　　编：300051
电　　话：（022）23332695
网　　址：www.tjkjcbs.com.cn
发　　行：未读（天津）文化传媒有限公司
印　　刷：天津联城印刷有限公司

关注未读好书

未读 CLUB
会员服务平台

开本 787 × 1092　1/32　印张7.5　字数100 000
2022年4月第1版第1次印刷
定价：55.00元

献给我的家人

目录

序　虚空中的信号 [1]

Ⅰ 星际之旅 [1]

Ⅱ 我们记忆的载体 [21]

Ⅲ 跨越恒久的时间 [47]

Ⅳ 无重力式遐想 [75]

Ⅴ 黑暗中的距离 [123]

星球工厂 [167]

一去四十年 [199]

参考文献 [217]

补充书目 [223]

致谢 [225]

序

虚空中的信号

2017 年 11 月底，在美国加利福尼亚州帕萨迪纳市的美国国家航空航天局（NASA）喷气推进实验室里，科学家和工程师们启动了一台已经 37 年未使用的机器。他们向一架航天器发出命令：点燃推进器，改变其位置并改变其天线的角度。由于该航天器距离地球 130 亿英里[1]，因此以光速传播的命令要超过 19 个小时才能到达，然后工程师们不得不再等 19 小时 35 分钟才能知晓他们的操作是否奏效。结果是奏效：推进器的喷嘴在百分之一秒内喷出气体，航天器略微转动，

1　1 英里约等于 1.6 千米。

天线指向预定方向。其实，这只是一道简单的命令，成功也没有直观的重要意义。它只是一次试验，仅此而已。但其结果却是铺天盖地的广播公告和新闻头条。

那是因为该航天器是“旅行者 1 号”——第一个离开太阳系的人造天体。其双胞胎姊妹船“旅行者 2 号”，是唯一在前往太阳与其他恒星之间的空间前探访了木星、土星、天王星和海王星的观察者。在这段旅程期间，“旅行者号”逐渐成为现代科学的标志之一。它不仅是体现人类好奇心的工具和典范，还是一种乐趣——探索视野之外、表象之下的乐趣，是智力、美学和情感上的愉悦。

所有的科学，类似所有宗教、大部分历史、哲学，甚至所有伟大的艺术，旨在解决一系列普遍而持久的问题：我们如何而来？事物为何如此？我们去向何方？那里究竟意味着什么？是存在人类生存的最终目的，还是目之所及只是善恶引发的结果？

科学（在这本书里便是物理学）所做的只是截取其中一个问题的一小部分，系统并初步地给出答案，而答案本身可能对任何人都毫无用处。但是物理学会不断解决大问题中的小问题，一个接着一个，总有一天，这些错综复杂的小问题的答案会开始提供更多实质内容：合乎道理的模式、前进方向、模型。不过，“实质”一词可能不够准确：人类永远无法确定目之所及就是真实，我们正在看的可能是个幻象，或是真实的映像，或仅仅是真实的轮廓，就像是从一道不透明的玻璃门透过来的图像。约 2400 年前，柏拉图的“洞穴寓言”[1] 让这一可能性永世流传。但即使无法看

1 出自柏拉图所著的《理想国》，大意是：一群囚犯生活在洞穴中，手脚被捆住，无法转身，只能背对着洞口；他们面前是一堵墙，身后燃烧着一堆火，他们在墙上看到自己和事物的影子，认为影子是真实的。

到完整的真实，我们也总能知晓些东西。

我非常喜欢将周围的世界比作一本书，这本书仅在当前页打开。我们已经学会阅读这本书的一些内容，大量的角色包含在书中有限的风景中。我们可以推断形势、感知文化、演绎情节，并兴奋于当下可能只是庞大故事中的一个转折、一段插曲、一个片段。从现在正展开的冒险和对话中，我们必须推断出诸多事情：我们是在看历史还是小说？开头发生了什么？结局是什么？这个故事有结局了吗，还是仍在被书写？“旅行者号”是一项始于 40 多年前的物理学和宇宙学实验，已经帮助我们更多地了解了所谓的家园、太阳系，以及地球——这个目前宇宙中唯一已知人类可居住的地方。人类探索天地万物运行规律的雄心日益增长，“旅行者号”则是实现目标的工具之一。我们开展了众多重大且独立的项目来探索内部空间（原子）的性质和外部空间（太空）的结构。我的这本书可说是业余爱好者写给物理学的“情书”。从“旅行者号”写起，或许主要是因为它已经存在且远离了我们40多年；或许是因为它的存在可以持久地证明300年来的科学启蒙运动；或许还因为相比于其他科学装置，在实现我们梦想的道路上，它已经走得更久、更长远了。

I

星际之旅

如果将“旅行者号”看作人类用于逃离现实世界的工具，那可说是达到最高境界了。它奔赴星辰，但无人会评判其是流线型的还是符合空气动力学的，无人会称其为先进技术，无人会认为其仪器是复杂的，无人会使用它的计算机语言。它的一切均非微型化。它的记忆依靠八轨数字磁带录音机，当能量逐渐消耗到微乎其微时，内里来回绕线的它又会怎样？那里环境恶劣：星际空间的环境温度只略高于绝对零度。黑漆漆的周遭，远处恒星点点，“旅行者号”似乎一动不动，因为可以用来观测其移动的物体本身就遥不可及。然而，它已经是飞离地球的最快物体之一了。

现在，它以超过每秒 17 千米（每小时 61200 千米）的速度飞离太阳，这速度难以想象。如果是这样的航天器低空（当然，那样的速度是无法这样低空飞行的）飞越伦敦，飞越纽约都市，或飞越上海市区，历时不过几秒，在音爆宣布其到来前它早已不见踪影。就像莎士比亚所著的《仲夏夜之梦》中的精灵迫克一样，该航天器可以在40分钟之内绕地球一周。迄今为止，它是从地球出发的唯一幸存使者，满载着工程学、数学物理学和天文学专家的梦想。那群有耐心、决心和强烈实践精神的梦想家按下发射键，目送其远去。它代表着太空时代早期最后的雄心壮志——1957年至1977年，苏联将第一颗卫星送入太空，接着第一只狗、第一位男人、第一个团队、第一位女人、第一次对其他星球的任务；它还代表着美国的壮志豪情——让人类首次实现往返月球。其中有几年，冷战似乎表现为太空竞赛，不久就卷入了代理人的战争，因此双方政府逐渐对太空探索失去兴趣。

但是到了1977年，“旅行者号”飞行任务迫在眉睫，机不可失。人类打算利用每两个世纪才发生一次的行星相合：所有外行星都将位于太阳的同一侧，这样一来，一架航天器就可以探索全部外行星。“旅行者号”项目在政治削减政策下幸存了下来：其主导人为4年的旅程制订了预算，但其制造商暗地里准备了40年的旅程。“旅行者号”带着美国前总统吉米·卡特的一封信、查克·贝里[1]的一首歌、一个机载计算系统（其计算系统的计算能力和容量仅为现代智能手机的百万分之一，配备3台单独的计算机，每一台都比智能手机大得多，在出现故障时可重复执行任务）发射升空。

当1977年乘坐“泰坦号”火箭升空时，“旅行者号”是人类梦想的高潮。这一梦想本身比太空时代还古老，一些最初从事星际探索的梦想家甚至还能在有生之年见到它，看着它成功。任务是双重的：两架航天器，“旅行者2号”先出发，16天后“旅行者1号”再出发。两架航天器的飞行计划不同，飞行时相隔木星、土星及其卫星，

1 查克·贝里（Chuck Berry，1926—2017），出生于美国密苏里州，美国黑人音乐家、歌手、作曲家、吉他演奏家，摇滚乐发展史上最有影响力的艺人之一。

以及天王星和海王星。它们携带了一系列仪器：各种探测器，用于捕光拍照、分析电磁辐射、探测和识别航道上的各种微粒。“旅行者号”的制造者们尽其所能，几乎为来自远方恒星投射至太阳系的每种辐射、每种电场或磁场、每种宇宙粒子都做了相应的准备。

两架航天器都是利用木星的巨大引力场将自身加速到可以完全飞离太阳系的速度。这种方式如今来看是合理的：物理学方程式提供的解决方案可以节省燃料，实现史诗般的旅程，因此这两架航天器都需要与太阳系中最大的行星“做交易”。当航天器绕木星一圈时，它减慢了木星的自转速度，但作为“交易”的一部分，它用速度换取了等效的力。当然，这对木星来说根本不值一提：木星引力场的能量使每架“旅行者号”加速至极高的速度，根据能量守恒定律，“旅行者号”的拖曳使木星的自旋速度减慢了每万亿年几厘米。每架“旅行者号”都被这一气态巨行星的强大力量送往远处航行，犹如一块被大力神抛出的铁饼。两架航天器都经过了土星，当“旅行者 2 号”行至天王星和海王星时，“旅行者 1 号”已完全脱离了太阳系。

1990 年 2 月，在距离地球 60 亿千米处的黄道平面（围绕太阳旋转的、承载行星和太阳系尘埃的圆盘）上某处，“旅行者 1 号”转过身来，拍摄了这一环绕太阳运行的小天地的最后一张全家福。它制作的相册中有 60 张照片，由其中一张照片激发灵感而产生的一篇文章，在我第一次读到时简直令我头皮发麻，20 年后依然如此：天文学家卡尔·萨根对地球的赞美诗——《暗淡蓝点》。

看看那个光点，它就在这里。那是我们的家园，我们的一切。你爱的每个人、你认识的每个人、你听说过的每个人、历史上存在过的每个人，都在它的表面度过了自己的一生。所有我们的欢乐和痛苦，所有自以为是的宗教、意识形态和经济学说，所有猎人和强盗，所有英雄和懦夫，所有文明的缔造者和毁灭者，所有国王和农夫，所有热恋中的青年情侣，所有的父母、充满希望的孩子、发明家和探险家，所有德高望重的老师，所有腐败的政客，所有“超级明星”，所有“最高领袖”，所有圣人和罪犯，从人类这个种族存在的第一天起，都生活在这里——在一粒悬浮在阳光中的微尘之上。

当然，在那张照片里几乎看不到地球。在同一章稍后的地方，萨根写道：

我们故作姿态，我们妄自尊大地虚构，我们自欺欺人地认定人类在宇宙中的特权地位，这一切受到这个暗淡光点的挑战。我们的星球是宇宙无边的黑暗中一粒孤独的尘埃。浩渺虚空中，无尽未知里，没有任何暗示，我们根本不知道是否会有救星来拯救我们脱离自己的处境。

当我感到从未有过的悲凉，想逃离如此多人类的肮脏和可耻之事时，我想到了“旅行者号”，意识到逃脱是不可能的：我们被地球所束缚，必须充分利用它。在这样的世界里，看似充满怨恨、猜疑与敌意，偏执与谴责，界限与禁令，极不平等的阶层，以及贪婪，但“旅行者号”提醒人类——为满足超然的追求，人类也是可以无私合作的。如果说有这么一个超凡脱俗的实例，那就是“旅行者号”。

* * * * * * *

因此，我们中的某些人仍然可以通过想起“旅行者 1 号”和“旅行者 2 号”来获得一定程度的慰藉（权且算是一种安慰）。到目前为止，它们都远在太阳系之外，进入了星际空间。两者孤独前行，遥遥相隔，周遭尽是寒冷与黑暗。如今，它们身上的大多数仪器都关闭了，磁带录音机来回绕转，记录和转播着最大 68 千字节的数据，并向地球发送越来越微弱的信息——只能由世界上最大的天线获取并解读的信息。随着钚电源日益枯竭,它们最终都将沉默。“旅行者 1 号”和“旅行者 2 号”不仅携带着创造它们的文明的证明，还承载着图像、文字和音乐。这是一种希望的代表：某一时刻，某种外星文明（如果存在）将拦截其中的一架航天器，并对其进行检查，发现其镀金唱片载有来自地球人类的语言问候、鲸鱼相互打招呼的声音、海豚跳跃的图像、贝多芬和查克·贝里的音乐。这一假想的外星人可能很难理解这一发现的意义：不知道唱片必须要以一定的速度旋转，同时要有一个触针刮擦传递振动，振动仅在有大气压力的空气中传播才管用。它可能只知道地球是一个相对较小的岩质星球，其表面大部分被水覆盖。讽刺的是，现在地球上的某些人也不理解。

技术在进步。青少年不爱听慢转唱片了，程序员不再使用与第一种计算机系统相关的任何语言了。地球以一种方式行进，“旅行者号”则以另一种方式行进。“旅行者号”现在是一名文物使者，任务繁重且有些滑稽，系统又十分笨拙，不过这也算一个优点：尽管偶尔卡顿，但一直在运行，无论任务是多么不切实际，40 年来一直在任何生物都活不过几秒的环境里兢兢业业。那里的寒冷如此严酷且致命，以至于人类无法形容，只能称其为“接近绝对零度”。“旅行者号”穿越黑暗，那样的黑暗就好比冥界，象征着死亡和湮灭。但“旅行者号”还活着，还在不断移动，带着信息奔赴宇宙深处。即使从未有人阅读过信息，从未有人发现“旅行者号”，也还有这样一种说法：“永不”是一段很长的时间，茫茫宇宙中，所有可能发生的事情总有一天会发生，因此，总有一天会有人发现“旅行者号”，解读它们所承载的信息。但到那时，人类可能已经一去不复返了。而我却感到一种无法言喻的安心。只要人文精神还在，人类的思想就还在。最后的人类思想将随着最后一个思考者的消失而终止，而“旅行者号”可以成为人类思想的实例持久存在，含蓄地表达：“我们在这里。”

为什么要重视“旅行者号”呢？两个原因，也许是三个原因，都源于物理学。如果物理学是为了探索构成所有现实事物（空气、水、岩石、太阳能和二氧化碳、树木、灌木、草丛、食物等）的基础和形态的定律、原理和秩序，像“旅行者号”这样的实验就证明了人类对这些知识是有所了解的，并且想要了解得更多。人类可以出钱、核算燃料、建造航天器、发送并观测它的航行，接着再不断探索。“旅行者号”既是自信的体现，也是希望的表达。从小每周日吟诵《尼西亚信经》长大的人会不假思索道：“在许多情况下，我们相信死人可以复活。”有些人可能的确相信这是真的，但我们永远无法证明这种事的真实性。

“旅行者号”证实，曾受力作用（现已不受力）的物体在真空中会以匀速运动的状态继续运动，直到再次受到外力作用。这些外力可以被预测,并根据预测结果受控。从进化论的角度来看，显然不需要这样的知识：海豚、绒鸭和单峰骆驼在地球上进化并成功地占据了生态位，然而它们先前没有建立任何学术研究传统，也没有提出过任何有关生命目的和意义的问题。但是，有一种在其中进化并完全依赖于地球微小生物圈的哺乳动物却可以计算出速度并预测飞行路径，将使者派往遥远的恒星。我们称之为“对知识的渴望”，但这种现成的说法还不够。好奇心是不可以被消除的渴求，它是永恒存在的。每个答案都指向更多，有时甚至是更深刻的问题。知识本身无法实现任何事情：我们想要更多，想要深邃的东西，即认知或智慧。人类既要运筹帷幄，也要在其中占一席之地。

*　　*　　*　　*　　*　　*　　*

“旅行者号”不仅是一次智慧探险的成果，

而且是另一场奇遇的开端。其所见之事均传回地球——如木星北极的极光，木卫三和木卫四表面冰冷地质的暴力美学，甚至是在这颗气态巨行星周围发现的一道微环，都即刻帮助我们了解我们赖以生存的这颗星球，并且更深刻地了解到其他星球不太可能存在生命，而我们又何其有幸能生于地球。我们不仅活着，而且拥有巨大的潜力；我们不仅能提出问题，而且（从“旅行者号”来看）可以回答问题，至少能回答部分问题，同时还能不断发现更新、更令人不解的问题。

“旅行者号”还有另一个特别的回报：它证实了人类——这一具有漫长而可怕的贪婪、自私、怨恨和杀戮历史的物种——居然会梦想如此无私的冒险，甚至还一起合作让梦想成真。从 1977 年到现在，我们对其进行了设计、完善、制造、测试、发射、维护，可以肯定的是，我们做这一切不是为了钱，而是因为我们一直坚信梦想会成真。即便“旅行者号”从根本上是由美国政府资助的美国任务，但它依旧坚定了全世界物理学家和天文学家的信心与梦想。

“旅行者号”只是合作冲动的一个实例。从一开始，合作就似乎是物理学和天文学的特征，是一种共同抱负——希望更多地了解这个世界，了解人类的位置以及其他事物。这些事物的每一项都证明了，这一宏大且理论上疯狂的想法是包罗万象的。

在日内瓦市和边界对面的法国村庄地下岩石的下方，是一条长达 27 千米的隧道，该隧道是 4 个大型实验的研究场所。在这里有来自世界各地的 10000 名科学家和工程师组成的欧洲核子研究中心（CERN）。CERN 致力于研究在哲学方面颇为荒谬的问题（可能永远都无法解答）：宇宙是如何开始的？在创世之初的剧烈的第一微秒[1]中，发生了什么奇怪的现象，从而形成如今

1　1 微秒等于 10^{-6} 秒。

我们所说的“宇宙”？什么决定了物质的性质？

在美国的华盛顿州和路易斯安那州两地，激光干涉引力波天文台（LIGO）进行了相同的实验，实验务必确保完全一致，因为要使合作的研究人员都信服，所以每对仪器必须确认彼此的数据。当日内瓦的实验人员想探寻事物的本质（宇宙的实质）时，LIGO 研究团队已开始对空间本身的结构提出疑问。他们的实验仅用于检测时空畸变，其灵敏度水平如此之高，以至于在 4 英里的长度范围内，仪器可以记录到小于原子核直径千分之一的位移，由此以常人无法想象的速度去识别一件 10 亿或更多光年之外不可思议的事件。所有这些实验都有一个共同的关键点：对于所寻求的信息并没有可预计的实际回报。

没有任何人会因为“旅行者号”已经证实了日球层顶的存在而变得更富有。在这个区域中，太阳风的压力（标志太阳系的粒子阵）或多或少与来自遥远恒星的气体和尘埃相关。2012 年，

CERN 证实，理论物理学家提出的亚原子粒子一定存在于宇宙诞生之初的第万亿分之一秒内，那时的宇宙大概是一个足球大小，或者一个足球场大小。这个证实结果出来后，任何政府都不可能获利或以任何可见的方式改善人民的经济状况。物理学家“需要”希格斯玻色子来解释为什么物质具有质量——他们那个关于宇宙为什么如此存在的总体模型，阐明了宇宙在创世之初的第一刻就已然存在。但理论在任何时候都需要得到证实。因此，希格斯粒子的发现证实了迄今为止他们一直在使用的模型是正确的。不过对它的存在的证实有其局限性：没有人可以对外展示希格斯玻色子，没有人可以说明其外观，就算有人曾经见过，这证据仍然是二手的，因为目前 CERN 仅能在实验中大致重建宇宙诞生之初第万亿分之一秒中的情况。在第万亿分之一秒内，时间骤然飞逝，越过希格斯玻色子时间段，剩下的就是那些巨大又神秘的物体的残余之残余。重要的是，理论物理学家们知道要寻找什么，然后设计实验，建造仪器来寻找答案，一次又一次地寻找，乐此不疲。

2016年，在另一块大陆，另一个完全不同的国际实验致力于解答一个非常复杂的理论物理学之谜，同样的欣喜再度发生。尽管实验物理学家和理论物理学家都对探测到引力波感到兴奋不已，但在路易斯安娜州和华盛顿州进行的实验很难解释原因。他们的激动来源于持续了百分之二秒的经过，这一经过是由相距3000千米的两台仪器在百分之一秒内记录的。这是一个非常小而简短的事件，以前从未有实验能够记录。这件事讲述了两个黑洞的故事，每个黑洞的质量大约是太阳的30倍，它们以接近光速的速度围绕彼此旋转再相融，这时它们就扭曲了时空的结构。这种扭曲可以利用100多年前一位物理学家所写的方程式预测出来，这位物理学家的职业生涯始于瑞士专利局。

请注意，每位宣布有验证性成果的物理学家

并不是百分之百地验证结果，而是希望其结果能一次又一次地通过不同的实验且以不同的方式被证实。另外，即使他们得出了结论，也不清楚结论能否告知我们关于我们所生活的宇宙的知识及造物方式。物理学是这样的:理论物理学家推断，如果一个假设是正确的，那么总有一个或几个这样的结果；如果有实验或观察证实了该结果，则该假设就更具有说服力了。但这并不意味着假设是正确的或是唯一的解释。物理学家们可以这样说，他们意识到，他们花费了数十亿美元建立国际合作以及数万年的职业生涯来寻求答案，但结果这些东西不仅是微不足道的，而且是大同小异的。一个亚原子粒子的寿命非常短暂，几乎可以说根本不存在；时空的震颤微乎其微，需要两台巨大的探测器探测。也就是说，引力波、细微的时空震颤，都是同一宇宙扰动的证据。物理学家只能确定这一点，因为如果这一事件是真实的，波就会以光速先到达一台探测器，再在预测的时间间隔后到达另一台探测器。

“旅行者号”发回来的最新报告更加含混不清。从某个角度来看，宇宙物理学没有任何商业价值，也没有任何哲学上的确定性。然而，我发现——我知道其他人也发现了——在这些被称为物理学（一种试图理解宇宙的方式）的大冒险的例子中，有一种非常令人愉快和兴奋的东西，这令人十分欣慰。J.B.S. 霍尔丹在其著于 1927 年的论文集《可能的世界》中说道：

我怀疑宇宙不仅比我们想象的更奇怪，而且比我们能够想象的更奇怪……

我怀疑天地间的事物比在任何一种哲学中想象的都要多。

我们记忆的载体

“旅行者号”已成为历史，它的任务已经几乎结束了。当其备用钚电池耗尽，无法再提供足够的能量时，它的生命也就终结了。传感器可能会继续记录，“旅行者号”也会继续航行，但将数据传送回地球需要能量。所以从实际用途来讲，那时的“旅行者号”，对于世界乃至整个宇宙来说，已然死去。但是对它的仰慕者和其他许多人来说，它仍然活着，且发挥着价值，理由有二。

其一，它不仅改变了我们对太阳系的认知，而且改变了我们对自己及地球家园的认知。它完成了对行星系统的调查，并在此过程中将地球置于其中。有了“旅行者号”后，人类可以开始了解地球与其他行星的共同之处，并更加清楚地球为何与众不同。“旅行者号”是苏联和美国对邻近星球的系列任务之一，随着时间流逝，我们开始将地球所在的区域喻为“金发姑娘区”：既不太热也不太冷，恰到好处。太阳系行星中，仅地球上的水，能以蒸汽、冰及液体形式存在；地球有一颗炽热、充满活力的心脏，有一个不断更新的表面，有一层可以反射或捕获有害辐射的磁层屏障，还有大气层。火星和金星有大气，但没有液态水。木星有磁层，但磁场强度太大，会对来访的航天器造成辐射危害。火星也有磁层，但其内部“发电机”在10亿年前就关闭了，它实际上是个惰性行星。如今我们忘记了在“旅行者号”之前我们未知的事物，甚至都记不清以前有哪些是不知道的，哪些是我们自以为了解但其实是错误的认知。因此，“旅行者号”将会永存，它在重塑人类对宇宙的印象方面发挥了作用。

其二，一个显而易见的直接原因，使它成为人类可以想象到的最接近永生的事物：它是为数不多的不仅能在太空时代，还能在人类世（人类时代）存活的人造体之一。我们所有的能源都源自太阳，我们的家园、我们的历史及我们自身都受到太阳对尘埃和化学物质的掌控的影响，然而“旅行者号”却逃离了为自身存在创造条件的恒星引力场，并远离了地球和太阳可能造成伤害的范围。它正在向其他恒星坠落,但常常容易错过:“旅行者号”可能以每小时 62000 千米的速度行进，但是银河系中的每颗恒星也都在移动，任何交会点都是不确定的。“旅行者号”不会撞上任何东西，因为宇宙不仅辽阔，而且十分空旷。

根据最新数据，可观测宇宙（可观测宇宙以外，距离过远，尚有恒星之光还未进入人类视野）是一个拥有 2 万亿个星系的大家族，每个星系都可能由 1000 亿颗恒星组成，每颗恒星都是一个热核聚变反应堆，辐射散布至整个宇宙。每个星系同时也聚集着巨大的质量，人类无法轻易地看到：冰冷稀疏的气体和尘埃星云，恒星逐渐变冷变暗直至死亡。由于恒星十分巨大，因此其原子结构坍塌的密度也非常大，一茶匙被极度压缩的星体的质量可能等于“泰坦尼克号”的质量。除此之外，还有黑洞永远吞噬着其周围的事物，围绕着恒星运转的有彗星、小行星、行星，以及恒星融合和爆炸的副产品：巨量的水、偶然形成的有机化学物质如醇和氰化物等。最后剩下的就是尘埃：宇宙中的沙尘，不确定是否会凝聚成小行星和行星。但这种不可思议的巨大质量跟宇宙的广袤相比，根本不值一提。将宇宙中所有可见物质汇集在一起，其原子总数仍然只是产生了一个手持计算器（20 世纪 70 年代那种小学生手持计算器，其显示极限为 10^{99}）就能得出的数字。将所有这些难以想象的物质均匀地散布在这片广袤的虚空中，它们就隐去了行迹，几乎不可察觉。

宇宙学家有各种计算方法。每立方米一个原子的计量法就很富余，还有人建议每四立方米一个质子（比原子小得多）。因此，虽然“旅行者号”必须找到安全通过奥尔特云（彗星栖息之处）的路径，并且躲过与飘移在恒星之间的完全随机、未知的非星物体的相撞，但实际上碰撞的可能性为零。“旅行者号”正驶向某个地方，没有什么能阻止它。但人类却可能无处可去，他们可能会因为一些愚蠢或无意义的行为，或仅仅是因为慢慢破坏赖以生存的环境——这片环境使他们从一小群以锐利石头为工具、拥有好奇心的灵长类动物开始，逐渐发展为拥有洲际热核武器和极度的私欲贪婪之心、到21世纪末将会有90亿甚至更多人口的群体——而在21世纪内灭绝。

即使人类没有自我毁灭，他们也注定会灭亡。人类是一个进化中的物种，古生物学的经验表明，没有一个物种可以无限期地存活。在智人成为化石并被自己制造的物品所禁锢之前，可能经历了200万年（至多1100万年）。总有一天，人类的建设也将全线崩溃。人类的存在之所以成为可能，只是因为我们被一颗燃烧氢并产生氦的恒星滋养着。这颗恒星就像银河系中90%的恒星一样。天文学家对这些被称为主序星的天体了如指掌，清楚它们的生命周期，而我们所赖以生存的恒星的寿命是100亿年，目前至少已经过了一半。

这意味着，在不到50亿年的时间里，所有

海洋都会蒸发；而在这 50 亿年之中，太阳——所有生物的生命赋予者，其自身将膨胀成巨大的火球，成为红巨星的状态，烧毁水星、金星、地球甚至火星。太阳系内部将成为死区，即使是最古老的化石也不会在这场焚烧中幸免于难。万物最终将被分解成为构成它们的原子和分子，并继续作为原材料存在，最终可能被吸引到另一颗新生恒星的轨道上，成为一些新的进化周期和新的智能文明的起点。不过这些我们都无从知晓。

但是，即便经历了以上种种，“旅行者号”仍然可以继续前进，冷漠寡言、无动于衷，即使其实体已经彻底死亡，那些证据依旧闪闪发光。“旅行者号”讲述了人类的历史、地球、太阳系和宇宙的故事。它那不再发声的结构——碟子附在杯上，多台探测器在机械臂上别扭地排放着——依然意义非凡。就像人们可以用一百件物品讲述世界历史，人们也可以用一件物品——“旅行者号”——讲一百个故事。它不仅仅是属于科学的人造品，它本身就是一件艺术品。它代表着惊叹、兴奋和美学。这一百个故事中有些可以单拎出来，一次一个地讲，比如航天器的概念、历史、制造、发射、航向和有效载荷等细节。不过，“旅行者号”还肩负着一项未来的使命——唤起自己对过去的记忆（尽管那些能够充分理解这些记忆的人现在还活着）。

* * * * * * *

“旅行者号”上那张著名的12英寸[1]镀金慢转唱片中存储的声音之一是铁匠铺内部的声音，其中一张图片是一名画家的大陆漂移草图。这两者都体现了人类发射太空探测器的深刻意义。

现在大多数人没见过铁匠铺。20世纪60年代中期，在肯特郡的乡下，那时我的孩子还很小，我们路过村里的铁匠铺，便驻足欣赏那巨大

1　1英寸等于2.54厘米。

沉重的风箱，感受铁匠铺的热浪，看着铁匠用一把钳子将炽热的金属放在铁砧上，再锤打成形。接着我们听到奇怪的嗞嗞声，看到铁匠又用钳子把发红的马蹄铁压在毫无怨言但有时不耐烦的马向上翘起的蹄子上——散发出一股刺鼻的烧焦气味——并用锤子敲打。不过说实话，这种情况很少发生。那个铁匠是当时方圆几英里内唯一的铁匠了,他大部分的收入来源都是靠打造庭院家具、门环和炉边硬件。有消息说，周六早上他会钉马蹄铁，从未见过的人就会去围观。新石器时代的人肯定也有自己的文明：工业、农业、贸易、宗教和身份政治。他们一定也有歌曲，但我们对其曲调或歌词一无所知，因为没有文字记载，古老的歌曲也就渐渐消失了。新石器时代的故事是人们根据过去的石头重新组合而成的，但并没有得到完美的解释。

新石器时代的人必须首先在新月沃土上手工耕种：以石斧开荒，以鹿角铲犁地，再以燧石片状镰刀收割。铁匠锻打好犁，牛群就开始工作。当富有想象力的人类发现一种从地下获取铜的方法，再从富含铜的矿物中熔炼出更多铜，然后将铜与锡混合制成青铜时，社会就发生了深刻的变化。铜和锡并不是伴生金属。前者更有可能在海底玄武岩和沉积物中被发现，这些岩石和沉积物被堆积在一个地质结构中，例如地中海东部岛屿塞浦路斯（Cyprus），铜（Copper）以此地得名；后者最常见于花岗岩露头附近，这些从极深处升起的大块深成岩熔体往上推高山脉或其他地形，如英国的康沃尔。

青铜时代的到来就是有关居民流动的故事了：青铜时代的史诗向铁匠致敬，颂赞剑、盔甲和珍贵菜肴。但同样的故事也告诉我们，当时的欧洲和黎凡特[1]代表繁华的自由贸易区，居民自

1　黎凡特是一个不精确的历史上的地理名称，相当于现代所说的东地中海地区，它指的是中东托鲁斯山脉以南、地中海东岸、阿拉伯沙漠以北和上美索不达米亚以西的一大片地区。

由流动，尤其是生产高净值产品的熟练工人。如果没有测试构成所需合金的金属比例，原则上不能交付青铜剑或犁（青铜这种合金的需求量最高），因此铁匠满脑子就是反复试验，换句话说，就是科研开发。如果没有矿场、冶炼厂、燃料来源、矿石交易，就不可能有铁匠铺，因此要想产出定制青铜剑和定制盔甲，就意味着铁匠必须成为专家，并能用铁匠铺的收入支付住房和家庭开支。铁匠铺标志着某种稳定的政府制度的到来，标志着具备牧区和耕地资源的集体粮食安全的到来，标志着以步行、马、战车和以铜钉（它不会像纯铁那样容易被腐蚀）固定的木制船等交通工具为基础的城际贸易的到来。

铁器时代的到来标志着技术的极大进步，但这种进步是在已有技术基础上完成的。铁、钢可以制成更好的剑、更结实的犁。锤子敲打铁砧的声音里，藏着一段漫长而美妙的故事：从箭头到洲际弹道导弹、从指南针到校准线圈、从青铜剑到尖端科学，这是属于技术本身的故事。

上文所说的肯特郡的铁匠曾是社区中最重要的人物之一，但是到了 1965 年，他就成了教区娱乐节目中的一个临时演员。然而，当一部分人在构想、设计、制造、发射“旅行者号”时，在世界许多地方，甚至在欧洲部分地区，人们仍然骑马代步，用马耕种，雇人送奶送酒。有时，这些东西更多的是为了表演，而不是经济上的需要，但也有偶尔忧郁的送奶工、夸口的酿酒师和衣衫褴褛的废铁回收者奔波于每条街道上，他们就像生活在过去那个仍在使用“马力”（如今这个词基本只作为测量单位使用了）的世界一样。

将“旅行者号”送入太空的计划始于一个名叫康斯坦丁·齐奥尔科夫斯基的梦想家。他还是中学教师时，于 1897 年 5 月 10 日推导出了火箭推进方程，并记录了下来，在 1903 年出版了具有历史意义的《利用喷气工具研究宇宙空间》。现代世界此时已经到来。同样在 1897 年，J.J. 汤姆孙确定了一种名为电子的亚原子粒子，德国拜耳制药公司开发了一种名为阿司匹林的药物；汽车先驱兰塞姆 · E. 奥尔兹在密歇根州兰辛市成立了一家汽车公司；托马斯 · 爱迪生申请了电影放映机雏形的专利。到 1903 年年底，奥维尔·莱特和威尔伯 · 莱特在北卡罗来纳州的基蒂霍克成功腾空驾驶了一架重于空气的机器。20 世纪可以说是准时到达的。但是，在那个年代，即使是在经济发达和技术先进的国家，大部分工作仍然靠“马力”来完成，每个社区都会有铁匠铺。我们是过去的产物：在某种程度上，我们一直都是过去的我们，明天的世界在所有昨天的衬托下成形。智者预言未来光景，而大多数平民无法预见它的到来。在太空时代初期，1957 年“斯普特尼克 1 号”发射，1961 年 4 月尤里 · 加加林绕地飞行，月球任务竞相启动，而 19 世纪的生活模式却还在继续。

工厂和办公室需要员工处理生产和销售的每

一个细节，这些员工在票贩子或售票员那里买票，然后乘公共汽车从家中出发，或者在火车站排队买票，然后登上由驾驶员、警卫、信号员和服务员一起运营的火车。为了维持准时的劳动力队伍，还有另一群更具有时间观念的工作者，比如面包师、挤奶工、修理工、记者和印刷商等，他们利用汽车，提供茶、吐司、日报等组成的英式早餐。船厂与造船员、码头与港务长、海员和管理员，同样是一个小社会。世界贸易由人工、起重机或井架装载，由码头工人存放在货舱中，再由货轮运送。大多数人乘坐邮轮穿越海洋是因为这样很便宜：那些选择飞越大西洋的少数人仍然希望从伦敦出发，当飞机加油时在爱尔兰的香农用餐，在到达纽约之前再停在纽芬兰的甘德加次油。部分火车还在靠蒸汽提供动力，但铁路交通越来越多地由柴油甚至电力驱动。这个世界已经充满了汽车，一部分是因为汽车行业仍然雇用流水作业的技工，并支付足够的薪水让许多人可以购买汽车；另一部分是因为简易的经济学原理：一匹马很有价值，因为它可以做十个人的工作，但它需要四人份的食物。一辆拖拉机可以做一百个人的工作，它不需要任何食物，不过它消耗了从地底喷出的东西。人类要做的就是把这个东西放入油罐车中，再运往炼油厂。但人们仍能偶尔听到铁匠打铁的声音，即使这声音已经很少能让人驻足聆听了。

从政治上讲，这也是一个奇怪的稳定世界——分裂但稳定。1972 年，当 NASA 批准了“旅行者号”对外飞行任务时，西班牙和葡萄牙是独裁国家，希腊正被一群军官占领，德国被分为两个独立的敌对国家，法国和意大利则因政见斗争而社会撕裂，齐奥尔科夫斯基的祖国已改朝换代。当时的冷战其实也算可以接受的，因为最明显的替代方案是双方通过为侵略而研制的洲际弹道导弹进行热核战争而相互毁灭。

太空时代源于 1957 年，同时出现的还有所有人既抗拒又有所预料的武装冲突计划，以及冷战对峙中明显又危险的稳定。亚洲和非洲大部分地区都被视为“发展中”地区。多数石油生产国在太空时代来临之时，还没有发现仅地理资源即可赋予他们的力量，但当到了1972年美国宇航员登上月球时，石油输出国组织（OPEC）已学会了如何利用这种地下力量，并使发达国家陷入石油危机。原油助长了一切，包括政治力量。但人类仍然以马力来衡量能量。“旅行者号”上的唱片里包含了铁锤敲打在铁砧上的声音，这具有愉悦的象征意义，这种声音足以媲美瓦格纳《莱茵的黄金》[1]的前奏,它将“旅行者号”任务的机械构造和系统提升到技术创新、探索和智力冒险的悠久传统中。

*　　*　　*　　*　　*　　*　　*

1　《莱茵的黄金》（*Das Rheingold*）是德国作曲家瓦格纳创作的四联神话歌剧《尼伯龙根的指环》的第一部分。

“旅行者1号”上的大陆漂移图一目了然：它向我们展示了地球处于15亿岁时的古代大陆（泛古陆）的推测形状以及45亿岁时的陆地形状（就是现在地球的样子）。或许，100万年后，当外星人发现时，那时的陆地形状与目前的陆地形状类似。不过，这张大陆漂移图也是关于人类对自身所处星球的发现的声明。选择“大陆漂移”这个名称意在讲述故事。大陆漂移是地质学家在20世纪初使用的术语，他们认为大陆是在地球上漂浮或拖曳着自己移动。这个词本身就体现了当时人类对地球表面了解甚少。

不过在当时，科学家们已经开始用弹道导弹发射技术来观察和监测地球，下一步是用相同的技术访问其他星球。但是在第一次任务之前，市面上的书籍和期刊很少提及其他行星。天文学家利用两个世纪的系统观测和测量来撰写教科书和参考书，这些书确定了每颗行星的赤道半径和质量、与太阳的距离，以及火星、木星等星球的重力加速度，还有这些数据跟地球的相关对比。书中还介绍了恒星周期的情况，即每颗行星完成绕太阳一周所花费的时间，地球是一年；还有每颗行星在各自的行星轴上旋转所花费的时间，地球是一天。天文学家们还胸有成竹地列出了他们所看到的卫星:水星和金星没有卫星，地球有1颗，火星有2颗，木星有12颗，土星有10颗，天王星有5颗，海王星有2颗，冥王星有1颗。现在我们知道这些卫星的计数是不确切的。目前我们不太满意的是，我们对其他行星的了解非常少，对地球本身还存在诸多不确定和困惑。1957年，在太空时代初期，地理学家和地质学家无法就地壳的形态做出任何统一的解释：比如火山喷发和地震的模式，在阿尔卑斯山或喜马拉雅山等高海拔地区存在的海洋沉积物现象，以及有些山脉似乎越来越高，而其他景观却逐渐下陷等奇特现象。

人类也不能确定地球是太阳系唯一的生命之家。如今以科幻小说而闻名的亚瑟·C.克拉克曾是战后航天事业的倡导者之一，然而直到1957年，航天似乎都是一个不可能实现的梦。亚瑟·克拉克在太空史上占有一席之地，他于1945年在《无线世界》杂志上发表了关于地球同步通信卫星的第一个公开提案。他的《太空探索》于1951年首次出版，是对火箭和太空飞行的科普指南，他推测：如果金星上存在生命，尽管可能是完全相异的外星生命形式，跟我们原始时代的生物形式无关，但应该是比地球上更先进的生命形式；如果存在智能生物，它们会有完全不同的科学发展史，因为金星云层非常厚实且永久，这些生物永远都无法直视太空。（当时，无线电天文学家仍需发展技术以回答一些基本问题，如金星上的温度——足以熔化铅的温度，以及金星一天的长度——247个地球日。）相反，火星的表面一直是可见的：清晰明了，甚至不止一位天文学家声称可以探测到火星表面的沟壑。到1951年，天文学家都或多或少地聚焦火星，这是一个无水、寒冷、荒凉的地方。但是克拉克在 1951 年说，火星上尽管“动物生命的迹象渺茫”，但可能存在能从土壤中获取氧气的植物。直到 20 世纪 70 年代，“海盗号”探测器在火星上着陆时，太空科学家已经为火星上可能存在的某些生命做好了准备。如今他们依然会做准备，但已经不抱太大希望了。

如果说在 1951 年我们对其他行星了解不多，那么我们对地球不甚了解也就不足为奇了。当时对山顶的形状、变化及海洋化石的解释有些草率。陆地被来自地下深处的力量塑形再变形，起起伏伏，接着被风雨侵蚀，被长时间淹没后，古代海洋中的沉积物再次聚集上升。地质证据证明了气候和海平面的剧烈变化，也证明了海洋不同角度的岩层看似难以解释的相似之处。但是，地质学家尚未弄清楚这些事情的发生原因和发生顺序。

*　　　*　　　*　　　*　　　*　　　*　　　*

在一本同样于1951年出版、文笔优美、影响深远的书中，英国被追溯到古生代末期，“嵌入亚特兰蒂斯大陆”。这本书就是雅克塔·霍克斯最畅销的历史著作《土地》，书中写道：“到了白垩纪时期，曾经被称为特提斯的狭长海域，现在延伸到亚特兰蒂斯的大部分地区，逐渐形成大西洋。”“英国仍然属于北美洲，属于亚特兰蒂斯，但在格陵兰岛与欧洲之间的海洋狭口逐渐封闭，这些岛屿未来都会属于欧洲大陆。”为了帮助读者理解国家的形成是一个地质作用过程，她在书中想象了一台很久以前安装在月球上的电影摄像机，现在它以惊人的速度在放映自己的记录。“在放到最后一卷录像带时，我们可以看到苏格兰的下巴、威尔士那张有鼻子的脸、优雅的康沃尔脚趾、肯特的短腿和诺福克的秃头在海浪中浮现。”大陆起伏不定，但它们没有四处移动。从地质学上讲，最低的地层是最古老的，而且由于各大洲都位于洋壳上，所以海洋一定是最古老的——可以说是造物的基岩。

1968年，当彼得·里奇·考尔德写下《人与宇宙》这本世界史时，地质学家已经进入了另一个世界——在国际地球物理年之后的十年中，人类先发射了卫星，又发射了载着一只狗的卫星，接着是两只狗，后面是一个人，再后来就是苏联和美国试图飞掠月球、火星和金星，世界格局由此发生了变化。人类第一次能够从远处俯视地球，之后不到一年，人类就将电影摄像机带上了月球，一切突然变得清晰起来，虽然仍然不容易理解，但画面生动了起来——地球移动了。它自我塑造再重塑，它的皮肤一部分粗糙，一部分冒痘，它的外壳是由一系列相互撞击和堆叠的板块组成的，这些异常缓慢但强大无比的力量创造了我们今天看到的风景，但几百万年后这种风景又会消失。1977年封存在“旅行者号”内的这幅大陆漂移图，面积微小，由手工制作，是上百个这样讲述发现和启蒙故事的图表之一。科学史起源于人类的好奇心——试图了解自己所处的星球及其在太空中的位置。

* * * * * * *

最古老的科学工具是几何学，或者叫地球测量学。在公元前3世纪，亚历山大城的埃拉托色尼得出结论：地球肯定是一个球体。因为据他观察，在亚历山大城迎来夏至时，太阳在物体上投射出可测量角度的阴影，但在尼罗河上游偏南的塞伊尼，就在北回归线上，没有阴影，因为太阳在头顶上。这说明地球肯定是弯曲的。他要做的就是计算两个城市之间的距离，使用欧几里得方程计算周长，并推测出地球的尺寸。关于结果与真实数据的接近程度存在争议，其实这取决于他在测量视距时所使用的古希腊标准计量单位的版本。埃拉托色尼还算出了地球自转轴的角度，即四季的地球倾斜角度。他不是第一个推断地球和其他行星绕着太阳旋转的人，这一荣誉通常被认为应归功于萨摩斯岛的阿里斯塔克。

“旅行者号”上的大陆漂移图包含了人类对地球逐渐了解的漫长历史，从牛顿、哥白尼一直追溯到萨摩斯岛的阿里斯塔克。叙拉古的阿基米德——被公认为第一个将数学应用于物理问题的人——的一篇文章中提到了阿里斯塔克。但这不仅仅是一句题外话，还提醒了我们“旅行者号”在 1977 年发射的原因与阿里斯塔克的联系。“旅行者号”的航行只有在轨道上的行星运动出现巧合时才能成功，这种情况每 176 年才发生一次：1982 年 3 月 10 日，太阳系中的所有行星将排列在太阳的同一侧，并且排列形态最接近直线。

当时的一本畅销书（作者是科学家，后来后悔写了这本书）甚至推测，来自太阳系的所有行星在一个方向的综合引力拖曳可能会引发各种不良的地球现象，包括在加利福尼亚州圣安德烈亚斯断层发生大地震。其实并没有发生这样的恐怖事件，至少没有一个可以肯定地归因于其他行星的同列聚集。但是对 NASA 中的一个由梦想家组成的小团体来说，这个行星阵列提供了两百年一遇的机会：在适当的时机发射的航天器可以利用每个行星的引力效应依次飞向所有其他行星。要是错过了每隔 176 年一次的顺风车，对其他行星的探索将不得不是零敲碎打的，费用也要高很多倍。

行星阵的巧合是偶然的，如果这种情况发生在十年前，“旅行者号”任务可能就无法完成，因为十年前的太空探索技术还处于“试试看”的阶段。在 20 世纪 60 年代，苏联和美国的工程师和科学家向火星和金星派出了飞行任务，但是最初的成功率并不高，有些航天器从未到达过那里，其他的航天器就算到过那里也未能传送回数据。直到 1973 年，“先驱者 10 号”飞越木星；1974 年，“水手 10 号”首次进行引力辅助飞行，并从金星获得了足够的能量来改变其轨道从而驶向水星。“旅行者 1 号”和“旅行者 2 号”（最初定为“先驱者 11 号”和“先驱者 12 号”）能够诞生，是因为工程师知道如何去做，天文学家知道何时去做。

所有这些有远见卓识的人和有非凡成就的人所要做的就是说服官方太空机构，敦促美国政府出资来支持这场宏伟的外星球旅行。他们不得不这么做的时候，美国政府正忙于应对由发展中国家的石油生产国引发的能源危机，跟越南、柬埔寨和老挝打仗，导致各种政治动荡和人类悲剧，马丁·路德·金被暗杀，非裔美国人开展民权运动，接着记者无情地围攻美国总统，最终尼克松辞职，杰拉尔德·福特接任总统。“旅行者号”飞行任务似乎是一次以后不会再有的机遇，但当时也没人能保证会落实，也许最不可思议的就是这一任务真的完成了。

跨越恒久的时间

罗马哲学家阿尼修斯·波爱修斯在他人生中的艰难时期——在拉韦纳附近的监狱中等待被执行死刑——写了一部名为《哲学的慰藉》的作品。其内容是不幸的被监禁哲学家与哲学的美丽化身（她）之间的对话。在第四卷中，她向他保证，她拥有快速敏捷的翅膀：

扇动翅膀升至高空

若心灵置于地下

必遭它厌弃

它从地上腾空而起

远离云层

穿过火球

吸收热量

抵达星空

这听起来有点儿像是在说“旅行者号”，只是宇宙观有很大的不同，毕竟波爱修斯只是在寻求思想上的宽慰，而不是根据基本原理进行严格的推理。我的这本书的名字叫《物理学的慰藉》，如果我对物理学的了解比我自以为的还要深入，或者我能激励某些人努力通过学校的物理考试，那么这本书的标题可能就没这么草率了。

真理实际上是一种慰藉。我们所有人都面临着死亡宣告，我们都希望相信某些被证明是正确的事实。在这方面，具有某种机构、某种教义和信条的宗教无法起到作用，它需要一种信仰行为，即使还没有实验性证据（或正因如此），也必须接受它是对的。无论如何，如果人们认为它是绝对真理，那信仰的意义又是什么呢？

物理学——指本书中的例子所代表的物理学，如“旅行者号”、CERN 的大型强子对撞机，或设计用来检测从距地球 10 亿光年外两个黑洞碰撞之处而来的引力波的复杂仪器——代表着追求真理的雄心，探索现实的冲动，这听起来很简单。人们会辩论道：“另一方面，回到现实世界中。”但其实这样的辩论很狡猾。这个世界到底是由什么构成的？希腊人提出了元素的概念，其中有人将物质最后一个不可分割的单位确定为原子。但即使是最简单的原子，其内部大部分也是空的，并且是可分割的。当原子在加速器中被粉碎时，人们发现了原子其实也是由粒子组成的，其中一些粒子似乎也不是很坚固，寿命也不长。这些粒子最初又是从哪里来的？现实是一个异常模糊的术语。因此，如果存在现实意义，而人类的智慧也能够理解，那或许物理学就是人类试图创造至少一种模拟的现实，以一窥创世之秘的现实意义。如果是这样的话，像“旅行者号”这样的远行工具或像大型强子对撞机这样的仪器就代表了宗教供奉的定义：内在恩典的对外表现。那可能太异想天开了。可能不会有明确理解的时刻，不会有终结的时刻。伟大的科学仪器只是真诚且直白地证明人类在不断地寻求万物的答案。牛顿的物理学体系使人类到达了月球表面，并向土星的卫星土卫六送去了一个小着陆器，又通过一台机器人历时七年实现了与素未谋面的彗星相遇，还预言了海王星的存在。

但是这里有一个麻烦：牛顿的物理学体系从根本上是错误的。它可以预测现实的表现，但不能解释原理——重力是可以测量的力，但它是如何起作用的？两个天体之间如何实现“超距作用”？牛顿的预测仅适用于以低于 0.14 倍光速的速度运动的物体。一旦速度提高，就会发生非常奇怪的现象：在更高的速度下的时间发生了变化，在接近光速的速度下，物体的质量和形状似乎也会发生变化。因此在 20 世纪初，物理学家开始寻找新的答案。正如狭义相对论和广义相对论所阐述的那样，爱因斯坦的物理学体系目前更能准确地表示时间、空间和物质的力，但是爱因斯坦的宇宙理论也不能完全解决问题，因为存在某些它也无法解释的事物。这是个很不错的思考项目，我们可以坐下来，为大型公共项目投入资金、智力、计算、热情、创意和决心，以检验该理论可能做出的预测。

*　　*　　*　　*　　*　　*　　*

这些项目之一就是CERN的大型强子对撞机。正如“旅行者号”的使命是受牛顿的天体力学之类的古老问题驱使的一样，CERN本身是源于爱因斯坦和他的同代人及其继承者们提出的原理。耗资70亿美元的大型强子对撞机只是CERN进行的一系列实验中的最新仪器，这些实验旨在探索物质的终极本质，从而弄清宇宙的原貌及它的形成方式。它通过详细研究强子（强子是一个具有精确含义的技术术语）的性质来做到这一点。质子是强子的一个例子，质子占据着原子核中的主位,原子核具有原子绝大部分的质量。如果能弄清质子为何具有质量，为什么它拥有这些质量，那就能知晓一些关于物质本身以及创世时刻的深层次含义。质子无法用锤子砸开，不过可以用一个速度极快的质子去撞开另一个质子。在物质成形前，经过一次次撞击，人们也许能够重现在我们所知的物质形成之初的第一微秒里必定存在的条件。因此，大型强子对撞机将成为一种时光机，人们可以借助它返回到更接近时间、空间和物质的起始点。

1997 年，我有幸能与一位拥有价值 10 亿英镑的工程合同和一系列 CERN 招标合同的人会面。他主要是想请工程公司做一些从未有过的东西——一系列超导磁体。这些超导磁体可以使氢质子（人类目前已知的最小的基团）在真空中加速到光速的 0.999999991 倍。为此，磁体必须冷却到低于星系间的空间温度的地步，而 27 千米长的圆形真空管（质子围绕它旋转）将是地球上最极端的真空装置，管中空气如月球大气一般稀薄。质子流将朝两个不同的方向相向而行（从仪器名称中“对撞”一词就可知道）。要使两个像质子一样小的物体相撞，就需要将工程技术发挥到极致，CERN 认为这一挑战就像让相距 10 千米的两支针头迎面相撞一样。许多制造对撞机工作部件的工程师必须以千分之一毫米的精度来考量。简而言之，工程承包商必须在地球上最空旷的空间，在宇宙中最冷的地方，进行星系间最炽热的碰撞，他们的目标是每秒进行 8 亿次对撞。

他们还必须制造出地球上最快的事物。一位物理学家朋友曾经如此描述 0.999999991 倍光速的实际概念：如果你站在国际空间站上，一只手拿着假想的加速器，另一只手拿着强大的手电筒，同时指向离太阳系最近的恒星比邻星，并在同一瞬间按下每个设备的按钮，从手电筒发出的第一个光子到达比邻星要 4 年时间——这就是 4 光年的距离——而手上加速器里的质子会在紧随其后的 2.5 秒内到达。

真空中的光速是绝对的，没有速度能赶上它或比它更快。在 CERN 的机器中加速的粒子可以越来越接近光速，但不会真正达到光速。它们之所以能够达到这样的速度，仅仅是因为提供加速的超导磁体温度保持在比星际空间温度更低的状态，并且在发射过程中通过与月球大气一样稀薄的空间。为了排空载有强子的27千米管道，工程师必须不断抽出空气，这就好比试图把科隆大教堂、米兰大教堂或斯特拉斯堡大教堂内所有的空气都抽走。

我那开朗的工程师、粒子物理学家、采购总监手里拿着一张购物清单，清单上列着他需要的最高级设备的要求。他希望有人竞标提供8000个超导磁体的合同，磁体要比以前制造的任何超导磁体都要先进，而且由于这些磁体（其中一些长16米）需要在1.9开尔文的温度（低于零下270摄氏度，接近绝对零度，肯定比星际空间还冷）下运行。他还需要一个承包商来竞标，供应70万升液氦和8个1500立方米的装液氮的容器，还要提供1200万升液氮将31000吨高精度金属仪器冷却至接近其工作温度。然后，他还需要更常见的东西：50000 吨热轧钢和冷轧钢、40000 只防漏管接头、数千千米含铜－钛－铌细丝的超导电缆，以及所有其他附加材料，如 600 万对线圈夹紧套和 30000 个铜楔等。所有这些都必须达到最高标准，因为一旦对撞机启动，就会在最大 40 兆瓦的功率下运行，光束的动量（仅少量氢核就加速到了接近真空中光速的速度）将需要相对应的能量，相当于时速 200 千米的城际列车。也就是说，如果这台机器有任何一个地方出现纰漏，那整个都可能出错。正如采购总监当时所说的那样：“如果你不是长期从事最高精尖技术的人，那这些项目应该不适合你。”

当然，这是高等物理学的第二大吸引力：所有事都是以前从未做过的事情，其精确度和规模都是史无前例的。所有宏伟重大的科学项目似乎都是这样的。而其第一大吸引力就是完全的无私。无论“旅行者号”和大型强子对撞机具体是什么，它们都不是直接关乎我、我们或它们，而是追求更大目标的合作冒险。从长远来看，其利益是实在的、深刻的、持久的，因为追求看似不可能的技能和技术迟早会产生普适、经济的作用。但这种长期项目历时悠久，影响深远，悠久到没有人会注意到这种联系，深远到没有人会将其与宇宙或粒子物理学的任何特别进展联系起来。所以这样的满足感是一种情感上的满足，当人类规划“旅行者号”、大型强子对撞机或其他重大物理项目时，我们见证了渺小的人类在追求看似无法实现的目标。为了发现仅理论预测的现象，尽管这些理论大多数人还不理解，数据支持还跟不上，甚至技术发明还无法开始解释，但人类还是团结一致，共担这一无私且美好的使命。

但是，它还有额外的满足感，所有人都是其中的参与者。自青铜时代的诗人和智者创作第一个创世故事以来，“旅行者号”和大型强子对撞机解决了人类一直在问的问题。《圣经》中的《约伯记》很好地说明了这一切——当上帝做好了地球的根基时，上帝问，可怜的约伯在哪儿？然后又问：

地的根基安置在何处？
地的角石是谁安放的？
那时晨星一同歌唱，
神的众子也都欢呼。

上帝对约伯还有疑问，当时的约伯全身都是疖子，坐在灰烬中，他的儿女被杀，羊群也被赶走了：

雨有父吗？
露水珠是谁生的呢？
冰出于谁的胎？
天上的霜是谁生的呢？
诸水坚硬如石头，
深渊之面凝结成冰。

你能系住昴星的结吗?

能解开参星的带吗?

这里的每一个问题都体现了人类的无知和无助。但其实，物理学已经开始从一些非常简单和易于理解的命题开始，以实际的方式回答这些问题。例如，哥白尼原则提出，人类身处何处或如何形成，并非十分特别。其实哥白尼本人并未真正地提出这样的主张，有些科学家更倾向于称之为折中原则，但它符合哥白尼在 1543 年首次提出的观点，即对太阳和月亮以及所有恒星围绕代表“宇宙中心”和“上帝关注焦点”的地球公转的怀疑。当时基督教神学的标准世界观是：地球是一个有缺陷的小圆球，住着易犯错误的人类，他们处于一个辉煌的宇宙竞技场的中心，为救赎而战斗，随着一个人从地球飞升，这个竞技场变得越来越崇高和完美。在波爱修斯所著《哲学的慰藉》中，她（哲学）巧妙地说明了这一点：

日沉西海，

下至地隐，

日升东源，

万物寻极。

但如果假设地球和其他行星是绕太阳公转呢？如果太阳是宇宙的中心，那意味着什么？

这首先意味着地球不是宇宙的中心，这点对于天主教徒、宗教改革思想家以及认为亚里士多德在约2000年前就已解答了这一问题的人们是一大打击。如果是这样，地球就不再是上帝关注的地形中心，更糟糕的是，这可能意味着其他行星也是跟地球类似的物体，这样一来，地球就不是上帝创世的唯一重点。随之而来的就是地球没有什么特别之处，尽管这一点的认证历经了伽利略、牛顿以及其他许多科学家的努力。

在之后的几个世纪中，天文学家很明显地发现，每颗遥远的恒星也是一个类似太阳的天体，而且彼此相去甚远。也就是说，地球不仅是像火星、金星、木星和土星这样在物理上无关紧要的恒星的陪衬，而且这种恒星系统还有很多，每颗恒星可能都有自己的行星。对这些天文学家来说，这是显而易见的，因为他们做出了一个简单的假设：在地球上所说的任何物理学事实，在遥远的地方肯定也是成立的。之后的天文学家和物理学家或组成团队，或单人研究，或逐个探索，或系统检验这一假设。物理学认为，在一个封闭的系统中，熵随着时间而增加；一切从有序到无序。这一规则即当将温暖的黄油放入冰箱中时，冰箱会暂时变热，黄油会变冷，直到两者温度相同。但是冰箱不是一个封闭的系统，它由电源供电以保持恒定的温度。地球也不是一个封闭的系统，它由太阳供能以保持相对恒定的温度范围。

太阳系实际上相当于一个封闭的系统。尽管有一天太阳会爆发并焚化内行星，但太阳也会在此过程中死亡，被烧毁的水星、金星、地球和火星的温度将与木星、天王星和土星的温度相同：冰冷的行星“幽灵”仍会慢慢地围绕曾经是太阳的冷铁核心旋转。但太阳系也不是完全封闭的：星光到来，来自遥远边际的彗星偶尔会发生碰撞发出光和热，银河系中的其他恒星系统可能会在一段时间内释放出新的光和生命形式。银河系可能会与仙女座星系和其他星系合并，因此即使是银河系也不是封闭系统。但是，如果热力学定律是确定不变的，那么总有一天银河系必定会开始闪烁，就像10亿支蜡烛在闪烁。所有热源最终都会冷却并消散，一切都会趋于同一温度。由于热其实就是光，所以银河系及逻辑上它周围的所有星系，都会不动声色地变暗、变冷，最终又暗又冷，就像被遗忘了一样，只剩下一些块状物体在飘移。

这些冻结的行星和死亡的恒星将继续移动，因为它们已经在移动了，牛顿第一运动定律认为：

每个物体都会保持静止或匀速直线运动，除非有外力迫使它改变状态。这一定律同样意味着，如果一架航天器在某个特定日期的某个特定时刻从地球起飞，它将在其控制器预定的时间准确地到达木星，因为人类可以根据牛顿第一运动定律准确地预测木星从现在起之后的多年甚至几十年所在的方位。如果用最简洁的形式直观地解释牛顿第二运动定律,就是物体受恒力作用会不断加速。那么，从地球上发射出的载有科学仪器的火箭，就可以克服重力，顺畅地航行穿过广阔的太阳系，到达遥远的气态巨行星。这些情况现在都已是司空见惯的观测结果，但是在 1957 年“斯普特尼克 1 号”每隔 92 分钟绕地球运行一周并发出信号前，它们并没那么显而易见。

* * * * * * *

哥白尼原则只是一个假设：物理学定律在人类所见之处应该都是适用的，但是视野之外的广阔宇宙又如何呢？在宇宙历史的早期或以后呢？也许地球很特别？科学有一种做出假设再质疑的方法，以检验从假设得出的合乎逻辑的结论。从某一方面来看，地球可能确实是个例外。

目前，据我们所知，有两点值得注意:第一，地球是宇宙中唯一存在生命——一种具有数学能力、好奇心和写作能力的独特感性生命——的地方；第二，这种生命是拥有想知道宇宙为何存在、生命为何存在、我们为何存在的意识的生命形式。从某种意义上说，我们可能确实生活在宇宙中一个非常特殊的时间和地点。这就引出了另一个重大的哲学问题：这一切的发生（这也是许多宗教传统的起点）只是为了让我们出现在这一天体舞台上吗？如果是这样，为什么？从某种意义上说，我们是被故意设置的吗？这个广袤而绚烂的宇宙有什么目的吗？这个目的可能是我们吗？或者至少我们可以算是更伟大项目征途中的一环吗？如果不是，在宇宙实验室中的一些随机实验，是由更高的智慧生物控制的吗？有趣的是，科学研究提出的问题往往会绕回到宗教思维的方向。撰写《约伯记》的青铜时代诗人向上帝提出了问题（上帝用自己的问题进行了回答），尽管科学以奇妙的方式解决并回答了其中一些问题，但并没有创造出宇宙、生命或我们，以及任何不那么神秘和匪夷所思的事情。希腊人用一个词来形容这种方式——狂妄自大。但这并不意味着事实并非如此。

如果我们是宇宙中唯一有生命、能知觉、可交流、爱求知的物种，那我们肯定是特别的存在。如果我们不是宇宙中唯一的智能物种，那么其他智能物种都在哪里？著名的物理学家恩里科·费米提出另一个重要的问题：每个人都在哪里？我们在听，但是我们听不到银河系中其他行星或更遥远的生物的声音。我们向外发送消息，过去60年来，我们一直在以电视频道信号的形式发送消息，《加冕街》和《埃德·沙利文秀》的第一集以微波辐射的形式离开了地球，且已到达拥有行星（类地球）的恒星系统，但有任何生物反馈过他们自己的浪漫喜剧或综艺节目吗？

就在我写下这些文字时，又有一位科学家也提出了同样的问题：阿肯色大学费耶特维尔分校的数学家丹尼尔·惠特迈尔在《国际天体生物学杂志》上发表了一篇文章，他想知道他更倾向于称呼为“折中原则”（所谓的哥白尼原则，认为人类没有什么特别的）的理论是否成立。假如，科技文明始终出现在宇宙中所有适当的地方，当他们进化时大肆破坏自己的星球，动静大到在一两个世纪之内毁灭了自己甚至是所有生命，除了他们创造又摧毁的化石瓦砾之外，自身的痕迹寥寥无几，那该怎么办？关于人类会以某种方式破坏生存条件的观念由来已久，这种观念促进了善于思考而好奇的两足哺乳动物的进化，他们天生“恶毒”，拥有制造金属制品和弹道导弹的天赋。帕特莫斯岛的圣约翰在《启示录》中勾勒出末世的轮廓；约 2000 年后，英国皇家天文学家马丁·里斯在出版于 2003 年的《我们最后的世纪》中为消灭人类编写了一份十分详尽和实用的说明。他希望自己的作品能让人引以为戒，他书中列举的一些危险——其中包括全球热核战争的迅猛和人类肆意挥霍引起的灾难性气候变化无意间造成的慢性死亡——数十年来越发明显。在撰写本书时，全球政治气候使得某些灾难性结论似乎更有可能成为现实。

如果人类没什么特别之处，那么结局也许是注定了的：这一物种想法奇特，创造出奇妙但具有破坏性的事物，然后以迅雷不及掩耳之势自我毁灭，连带着毁灭了母星上的所有生命。如果这还不是终点，那么几百万年后从瓦砾废墟中重新出现的任何智慧物种都会重复这一过程，不断循环，没人知道这些较早的物种曾经存在过。然而，如果人类只是宇宙中智能生命的典型代表，那么在一个充满上千亿个星系且包含上千亿颗恒星的局部宇宙中，可能许多外星人和自我毁灭的文明人都会发射如“旅行者号”般的使者。即使宇宙中任何地方的所有具有意识和开拓性的生命都不约而同地毁灭了自己，在寂静的宇宙中，那些使者可能仍以无声且神秘的航天器的形态，以固定不变的速度穿越黑暗的虚空，留下一些低沉的私语。

关于这点，我同意波爱修斯的观点：尽管仅限于想法层面的探索——关于对抛给乌斯地约伯的重大问题的新颖而系统的阐述，但这也是一种哲学性的慰藉。或许在某种意义上，人类很特别。但这并不能阻止天文学家、物理学家、宇宙学家甚至数学家支持哥白尼原则。因为它提供了秩序性和可预测性。

科学家利用哥白尼原则、牛顿运动定律、望远镜和热力学定律的一系列简易混合观测，成功得出了另一个预测：如果宇宙将死于衰老，那么它肯定有年轻或新生的时候。《圣经》的隐喻给出了答案。当然，《圣经》要么有作者，要么有编辑，所以宇宙是有起点的，唯一的难题是：起点是什么样的？

早在太空时代来临之前，一些宇宙学家就提出时间、空间、万有引力、光和能量都来自一颗“宇宙蛋”。这个宇宙蛋的比喻来自一位名叫乔治·勒梅特的比利时神父和天文学家，他将宇宙的进化类比为刚熄灭的烟火表演：“站在冷却的残渣上，我们看到太阳在慢慢褪色，人类试图回想起早已消失的世界之初的辉煌。”

不断膨胀的宇宙起源于很久以前的一个奇点，一个密度无限大的热源，但是在详细讨论膨胀宇宙的观点之后，同一本让我认识勒梅特的书也为天文学家弗雷德·霍伊尔等人提出的替代理论投入了同样的篇幅，他们认为，宇宙是无限且永恒的，并通过连续但隐蔽的物质创造而维持在稳定状态。这种稳恒态理论可以解释为什么宇宙似乎总是在各个方向上看起来都一样大。也就是说，在每个方向上都有星系，并且星系之间的空间大致是相同的分布和数量。这一稳恒态宇宙论的论点没有引起任何理解上的质疑。如果你能一下子从无到有创造出一个完整的宇宙，那么你也可以很容易地一次做一点。要么是上帝能做得到（过去 2000 年来大多数人的默认解释），要么是物理学定律可以这么解释，又或者是上帝可以让物理定律为他所用。关键是在 1961 年，即对太空的征途开始 4 年之后，没人知道哪种解释是正确的。有证据支持的理论才有意义，然而直到 20 世纪 60 年代中期，人们才知道要寻找什么样的证据。许多物理学家并不认为宇宙学是一门科学。我曾经听一位物理学家如此说道："先有猜测，然后有疯狂的猜测，最后才有宇宙学。"直到 1965 年，一组射电天文学家才在《天体物理学杂志》上提出，如果（这仍然是个重大假设）宇宙始于一次大爆炸，那么大爆炸的"回声"将无处不在。在一个以巨大速度膨胀的封闭宇宙中，最初剧烈而难以想象的热辐射会充斥整个太空，然后逐渐变得越来越微弱、温度越来越低，现在是不超过3开尔文（比绝对零度高3摄氏度）。也就是说，可以把真空空间的温度当作时钟：最初高密度的火球会随着宇宙的膨胀而冷却，恒星和星系之间的空间越大，该空间的温度就越低。金发姑娘的童话故事再一次变得有帮助，碗中粥的温度可以表明它是多久以前做的。在《天体物理学杂志》的同一期中，贝尔实验室的一组通信科学家宣布，他们已经检测到普遍存在的无线电信号，表明恒星之间的空间温度为3开尔文。他们在所见之处都观察到了它们，起初他们对来源感到困惑，甚至（他们没有在科学论文中使用这些词）以为是掉在射电望远镜碟形接收器里的鸽子粪迅速干燥引起的辐射。

*　　*　　*　　*　　*　　*　　*

如今，50多年过去了，预测与相应的证明组合听起来就是确凿的证据。跟之前一样，一个想法可能要花上十年的时间才能得到证实，不过根据哥白尼原则，热力学定律、运动定律、加速度定律和万有引力定律无论在何时何地都是恒定的，因此其他物理学家开始检验他们的推理，并开始推算宇宙起源的时间。在1977年“旅行者号”发射升空时，大多数物理学家已经十分确信宇宙是有起源的，时间在100亿到200亿年前。同年，史蒂文·温伯格撰写了畅销书《最初三分钟：关于宇宙起源的现代观点》。在这本书的最后几页中，他还补充说，生活在地球上，人们很难意识到：

所有这一切都还只是充满敌意的宇宙的一小部分。甚至更难意识到，目前的宇宙是从一种不为人知的陌生早期状态演变而来的，同时还面临着未来无穷无尽的寒冷或无法忍受的高温的灭绝结局。宇宙看起来越容易理解，就越显得没有意义。

当时人类还不知道，“旅行者号”是人类进入这个充满敌意的宇宙的其余部分及星际空间温度约为零下 270 摄氏度区域的使者。当航天器启航时，人类几乎还没有开始了解宇宙，还无法解释为什么它在各个方向上看起来都差不多（在观测的最大范围内），而且对于宇宙年龄的猜测有 100 亿年的误差。在数十年日积月累的天文观测下，人类目前对宇宙的同质性做出了一种解释：这是一个真正难以想象的事件结果，该事件发生在很久（久到这个数字对普通的人类根本没有任何意义）以前的第一秒内。在所谓的可观测宇宙中，所有时间、空间、物质和能量的最佳年龄评估约为 138 亿年。当时大部分宇宙在某一温度下发出黑色的光芒，这一温度决定了一切事物的年龄。由于宇宙的大部分都是空旷的，因此“旅行者号”肯定会继续行驶 138 亿年或更长时间。但是即使它有 40 多年的领先优势，它还是会被从地球发射的比地球、太阳系甚至银河系更长寿的其他事物取代。而对我来说，“旅行者号”仍然很特别：它走得最远，其乘载的技术可以直接或间接地讲述整个物理学史，讲述人类对宇宙的好奇。它在历史上具有独特的地位，与 21 世纪的航天器相比，它又大又丑、憨厚蠢笨，是那个时代的产物。它依然是物理学伟大智力探索的象征，当然，故事还在继续。

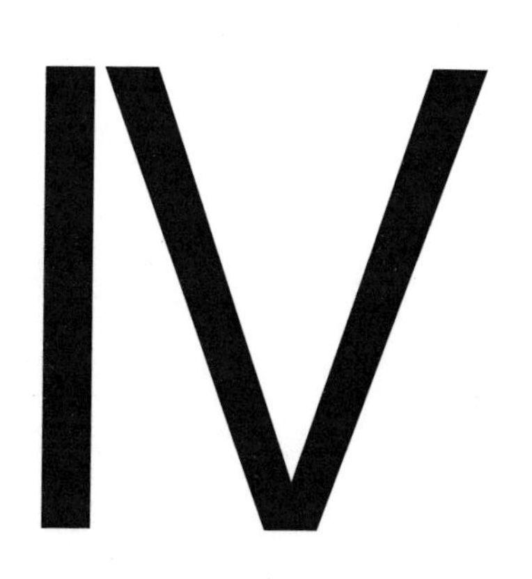

无重力式遐想

让我们回到逃离的说法，这是小说中反复出现的主题。在科幻小说中，太空飞船不会像“阿尔戈号”[1]那样对未知世界进行麦哲伦式的探索，而是作为救生船：载着幸存者的方舟从将要被摧毁的行星上逃离，驶向相对安全的地带，重新开始生活。人类的想象力说可以做到，人类的技术说知道怎么做：12名宇航员已经登上过月球，如今的人们希望（甚至有人已在有生之年展望）看到人类在火星上定居。人类或许会短暂地占据火星，但是那又如何呢？我们已经开始展望“未知世界”，为什么不能继续走得更远呢？《星际迷航》《红矮星》《星球大战》《太空之旅》及其他电影和广播的幻想可能确实只是幻想、奇说，它们讲述的有关地球生命的故事比有关遥远星球上生命的故事还要多，但它们就是人类凭着一腔热血去探索的证据。我们有冲劲，要做的是弄清

1　希腊神话中的一条船，由伊阿宋等希腊英雄在雅典娜帮助下建成，众英雄乘此船取得金羊毛。

楚如何走得更远，再更远，直到时空的尽头。以前的人们认为我们永远飞不起来，看看现在！

任何能维持生命的航天器都必须拥有自身的空气、水和食物，必须具有用于加速、减速及改变方向的动力，必须有人类的生存空间，因为（与宇航员相比）即使是最懒惰的人也必须采用肌肉的力量以保持站立状态。在人类演化的过程中，人类承受着大气的沉重负担，抵抗着约 10 米每二次方秒的重力加速度，一直生活在可按需提供的全球空调系统中，平均每 4 秒就要产生一次呼吸氮气、氧气和一些微量气体的混合物（这一气体混合物悄无声息，人类甚至没注意到）的需求。

每个行走的人都是不为人注意的生命形式的移动大厦——成千上万种约 100 万亿个微生物，人类与它们进行了某种进化交易：它们生活在人类身上，人类也因它们而受益。碳基动物吸入氧气，呼出二氧化碳，然后由各种各样的植物和藻类生物通过一种绝对可靠的反应（光合作用）再次利用二氧化碳并放出氧气，这一过程从未出过问题，只要有阳光、水、氮和其他一些元素，就可以实现，因此失败概率非常小。这不是因为植物和藻类不会失败，而是因为进化会确保植物和藻类足够多，以至于任何个别或局部的失败都不会对整体有任何影响。这些植物还进行水循环，从而使得所有生命都从中受益。登月的“阿波罗号”宇航员采用了机械系统来回收空气和提供盒装饭菜。国际空间站上的宇航员已经种植了莴苣和其他蔬菜，但主要用于科学实验，证明这一做法是可行的，同时是一种探索如何达到最佳效果的方法。与地球定期提供的用新鲜食材和水制作的食物相比，这些在太空种植并制作出来的食物在技术上的差距并不明显。

但是去火星的宇航员将不得不带上自己的小型地球——温室植物森林，这些植物将吸收航天器上生物排出的臭气和粪便，并产生可收获的食物进行供给。在这种密封的环境中，地球上进化和适应的情节继续上演，谁知道几年或几十年后，密封的航天器里，微生物和动植物会是什么样呢?

医学界已经知道太空航行者将会发生什么：机组人员、乘客、先驱者或难民，每个在航天器上的人都将不可避免地损失骨骼密度，体液会悬浮在心脏周围而不是从心脏冲向四肢，在那种封闭环境中会逐渐狂热、愤怒（无论心理监测多么周到）。地球的大气层、电离层和磁层保护其居民免受致命辐射的危害：在任何太空航行中，辐射都是一种持久的危害，随着受辐射量的增加，这种危害将更加危险。给航天器添加防护罩会造成质量的增加。火星探险者会要求拥有自己的生活和活动空间，拥有自己的隐私空间，拥有可以储存在火星上可能会需要的工具和设备的空间，拥有音乐、书籍和电影等娱乐资源，还要拥有换衣服、洗衣服、睡觉的地方。因此，航天器内必须包括仓库、健身房、工作区、起居室、花园和温室、自助餐厅、浴室和核泄漏避难处等。设计人员还必须为应急供应的空气、水和燃料腾出空间。

航天器首先必须成功离开地球。一次航天器发射的运作是不容出错的，仅仅是进入太空，即进入低地球轨道，发射器就必须产生每秒 5 英里（约每秒 8 千米）的最终速度。这不仅比步枪子弹快，而且快了 9 倍。NASA 过去声称，将 1 磅有效载荷（比如一盒茶袋或一小包糖）送入太空轨道就要花费 10000 美元。而且，将航天器送入轨道还需要一台主力火箭引擎，该引擎的功率必须相当于 13 个胡佛水坝产生的功率，并且需要两个固体火箭助推器提供推力支持，每个助推器在升空时每秒钟所耗费的燃料就能为 200 万辆轿车提供飞驰的动力。就在我写这本书时，化学火箭还是唯一可以完成轨道输送，并产生足够的额外速度将航天器推入环日轨道的事物。

一旦基本摆脱了地球引力范围，推力成本就会降低。事实上，这时候几乎不需要任何成本了。从理论上讲，可以利用太阳辐射的能量：将航天器视为一艘帆船，张开巨大的超薄帆，靠着星光的能量推进行驶。对穿越无限空间的旅程来说，燃料是一个问题，航天器必须携带它所需要的一切物资，因为通往天际的高速公路上没有加油站。但是，光无处不在。1989年，在一场与大多数人没听说过的优秀人士的集会中，我遇到了行星学会主任兼联合创始人（与天文学家卡尔·萨根联合）路易斯·弗里德曼，他在NASA任职期间做了最初的太阳帆航天器的理论计算。阳光本身就是力量。在地球上地中海阳光明媚的情况下，那种美妙而强烈的感觉与其说是冲击，不如说是温暖。在广阔的真空无重力空间中，阳光的影响是可以测量的。光子撞击到物体的表面会反弹，把这个表面做成反射镜，那么每次碰撞均遵循牛顿力学定律。将这面镜子做成足够大和足够薄的帆，再将此轻帆悬挂在船上，那么太阳的光芒即是吹动船帆的微风。在阳光照射的力下，帆将带着船一起移动。它不仅会开始移动，而且会开始加速，因为阳光施加的是恒力，而承受恒力的物体会不断加速。是否可以设置帆的面积及其倾斜度，并使有效载荷足够小，以使航天器可获得 1 毫米每二次方秒的加速度？如果这样的话，在短短 24 小时后，这种真空无重力状态下的帆船便可以接近每秒 100 米的速度行进，且继续不断加速。

任何航天器都是一台探索机器，在它到任何地方有任何发现之前，其设计者必须解决它的动力问题。在加利福尼亚州帕萨迪纳市的 NASA 喷气推进实验室的热衷者们提出了一种以太阳能驱动的航天器的概念设计，可以产生出完全离开太阳系所需的速度，从而可以收到远在太阳帝国之外区域的信息反馈。该航天器将以每秒 100 多千米（比“旅行者号”快得多）的速度一年可行驶

40 个天文单位（一个天文单位是指从地球到太阳的距离，即使在以光速行驶，走完该距离也要花约 8 分钟）。在未来约 6600 年里，它可以走完地球与比邻星之间的路程。但问题仍然存在，辐射的能量会随着距离的平方的增加而衰减。当航天器到达小行星带时，其加速度将开始减小；当它到达木星的轨道时，辐射到其光伏电池的太阳能也将开始减弱；当它到达土星的轨道时，使乘客保持温暖、烹煮温室里生长的土豆的电力供应将会失效。尽管植物光合作用所需的阳光可以忽略不计，因为在这个浪迹天涯的温室中，植物还可以利用发光二极管发出的能量，但是维持发光二极管的电流能量必须有其他来源，这些来源必须在发射时就配备上，因为在这样的旅程中，没有停靠的港口，即使有，也没有足够的燃料来负担进港所需的减速消耗。弥尔顿所著的《科马斯》中有一种美妙的意象，似乎预见了真正沐浴着阳光飞驰而去的航天器：

今吾飞向天海，

放眼乐土，

终日无眠，

苍穹无垠。

但现在应该很清楚了，并未有人实现这一梦想。第一艘太阳帆航天器有过草图，但从未建造过，它原本是在1986年哈雷彗星造访地球时与之会合的潜在候选者。设想中，该航天器可以升起船帆，并且当其进入太阳系内部并绕着太阳旋转时可以与彗星“接舷”（用航海术语来讲），它甚至可以派出一个机器人登船（指彗星）搜查队。但人类从未建造过它，因为除了航天飞机外，没有其他方法可以发射它，然而当时要完成这项任务的航天飞机本身还未完工。目前，太阳帆航天器仍然是一个美丽的梦，人类并未计划发射一艘航天器驶向宇宙中距离太阳系最近的恒星。通过辐射驱动进行太空探索的梦想已经变成了更加雄心勃勃但又难以想象的任务。

*　　*　　*　　*　　*　　*　　*

2016年，硅谷一位叫尤里·米尔纳的亿万富翁给我打电话，告诉我一种更佳的到达别的星球的方法。一位前同事休假时，我回到了《卫报》的科学栏目编辑部。米尔纳的公关部门向他提供了一份要做简报的科学记者名单，他打算亲自做简报。他有个很棒的故事要讲，并希望在2016年，给航行到距离太阳系最近恒星的古老想法注入新鲜血液。是的，他希望看到以光驱动有帆的航天器。这一次，他们打算在大约20年内而不是数千年后进入半人马座星团。

他的计划很简单：把航天器做得非常小，帆非常薄且轻，然后用强大的激光照射帆，因为阳光能量不够集中，无法为快速进行星际探索提供加速度。他有能力让这样的想法听起来合情合理，但是对我们中的一些人来说，如果激光辅助动力的想法已经存在了至少 30 年，并且是最初致力于太阳帆航行的 NASA 团队提出的（完全是一项思想实验），那么它们听起来才算很合理。但是米尔纳又非常合理地辩称，我们目前所说的事情，在 20 年前是非常令人难以置信的，因此，现在正是时候开始弄清楚人类在未来 15 或 20 年内可以真正做些什么。摩尔定律（硅芯片的计算能力会每隔不到两年的时间翻一番）已经使电话、电视机、录音机、录像机、互联网搜索引擎、卫星导航设备、迷你计算器、全球地图集和其他方便的小工具都集成在一台手持设备中。曾经是“旅行者号”或“斯普特尼克号”一般大小的轨道观测卫星已被缩小为立方体卫星，塞进了一个边长仅有 10 厘米的立方体中。

太空任务可能会失败：因为火箭可能会掉落回地球，或者在高空爆炸；也可能会因为最后阶段的故障，或航天器上的技术问题、软件故障，或某些偶然因素，从而在运行轨道上发生故障。

这样一来，一切就都结束了。项目背后的科学家和工程师只好放弃这个任务，再重新开始。曾经，一架航天器的损失代表着一场付出了10亿美元的赌博的失败；而现在，人们可以将六个相同的微型航天器安装在其他大型航天器上，不仅节省了发射费用，而且能确保其中至少有一些能够正常运行。也许到2030年或2035年，在纳米技术（在十亿分之一米的尺度范围内制造机器的技术）的帮助下，人们可以将目前“旅行者号”身上的每个传感器——可能还包括电池和信号发送器——一起融合成质量只有1克左右的装置。同样，纳米技术和超材料技术（一次仅使用一层原子构造物体的技术）的组合也可以解决太阳帆的问题。

自从一个温文尔雅的银幕反派想要用激光腰斩詹姆斯·邦德以来，激光技术也取得了长足的进步。激光使用起来更便宜，应用更灵活，输出更强大。如今，工程师知道如何将多道激光合在一起，作为单个设备运行，使每台设备的功率提高很多倍。因此，米尔纳在电话中对我说，应该可以让一小群小型太阳帆航天器驶入轨道，在正确的位置和方向用激光束对准它们，并使用配置高功率电池的激光器来提供加速。想象一下这样一面太阳帆航天器：上面是一种超轻巧的帆，风筝大小，下面携带的是芯片而不是星际飞船，总质量不比一张纸更大；在空旷的自由空间中，在朝向阿尔法星或比邻星的方向上突然被 1000 亿瓦功率的激光轰击。帆确实会加速，虽然激光只能追踪并驱动它极短的时间（仅几分钟），但在这段时间内，如果一切顺利，小“旅行者号”（这里指太阳帆航天器）可以提速到接近五分之一的光速，每秒 37000 英里（约每秒 60000 千米），从而可以在不到 20 年的时间内，跨越约 40 万亿千米进入半人马座星团，并开始回传信息。参与设计和启动该项目的科学家，在其有生之年，会收到这些信息。这是第一次，地球上的物种走出自身的恒星系统，开始探索外部世界。我们认为我们知道另一颗恒星周围的行星系统可能是什么样的，但是它会跟我们的行星系统一样吗？还是在某些方面会有难以想象的差异？如此遥远的行星系统能成为生命的家园吗？制造和发射 20 或 200 艘这样的航天器也不会比制造其中一艘贵太多，并且人类一旦拥有了如此出色的激光阵列，肯定会不止一次使用，人类可以不断向遥远的恒星发射这样的小航天器。如果一个失败了，也会有另一个接替，需要等待的时间最多不超过一个人类世代。“科学”一词的英文“science”源自拉丁语“scientia”，意为“知识”。“艺术”一词的英文“art”来自拉丁语“ars/artem”，意为“制作 / 组装”。艺术家和科学家是合作伙伴：一位工匠制造了第一台望远镜作为游乐场玩具，伽利略将它变成了观测木星卫星的工具，从那以后，天文学就开始不断需要更好的工具。天文学家和太空科学家开阔了我们的视野，其实是他们观测到了更远的距离。如果我们想看得更远，就必须设计出新工具。

这并不容易。米尔纳和他的伙伴们，以及他们的科学顾问已经思考了至少 20 个具有挑战性的难题。其中两个有趣的难题是：以近四分之一的光速通过半人马座星团时，航天器可以记录多少信息？所有这些信息都在只有几克重的“母舰”上，如何处理数据和图像并将其全部发回地球？根据位于帕萨迪纳市的喷气推进实验室的说法，“旅行者号”从海王星发射回地球的无线电信号是由当时世界上最大最灵敏的天线接收的，但接收到的信号非常微弱，当时的数字显示式电子手表的功率都是它的 200 亿倍。

“旅行者号”历史学家埃里克·伯吉斯在 1991 年他的作品《遥远的邂逅》中，设想了将数字化数据流汇集回地球的挑战，如将一张照片压缩为 200 万比特的数据。当一张图像中的最后一部分数据离开“旅行者号”时，第一个比特的数据已经传播了 1700 万英里，也就是说，每幅图像都代表着一条 1700 万英里长的高速信息箭头。

现在，尝试思考从另一个恒星系统（甚至是离太阳系最近的恒星系统）向地球发送更多信息的挑战，距离如此遥远，以至于只有太阳是可见的，根本看不到太阳系第三颗行星（地球）。试想一下，当以如此快的速度飞过目标时，航天器能收集到什么样的信息？如果现在我们想象不到会收获什么，其实也没关系，我们不必想象。所有的太空飞行任务都给了人类有用或新奇的信息，即使其中一些看起来似乎失败了。完全从知识带来的兴奋与发现来看，潜在的收获是无比巨大的，以至于米尔纳宣布他准备投入 1 亿美元启动研究和实验，未来有一天将一架航天器送去一颗遥远的恒星那里,接着再去更遥远的恒星那里。

* * * * * * *

所有这些都体现了一个主题：光的主题。我

们生活在一个充满光的宇宙中。归根结底，视觉是我们的主要感觉，是感知世界的主要手段。声音、触觉、味道和气味——海浪的音乐、海鸥的叫声、火热海滩上的风带来的刺痛、阳光炙烤松树的气味、海边小酒馆里橄榄的味道——都只是有限的感觉。它们之所以进化，是因为它们很幸运地生活在一个温暖潮湿的星球上。产生光合作用的植物每天都在为我们营造氛围，这些植物每一个都是小型的太阳能工厂，在阳光下争先恐后地创造让其能够继续竞争资源的化学物质。这些化学物质使其对动物捕食者更具吸引力，有助于其繁衍，对那些对其构成长期威胁的动物也更有驱避作用。之所以会这样，是因为动物（蜜蜂、蚂蚁、蝴蝶、红腹灰雀、野牛等）也已经进化出欣赏、满足或保护其他感官的能力。

世界是由光驱动的，对人类极其重要的听觉、味觉、触觉和嗅觉都是通过光来介导并经由神经细胞将电磁信息流传递到大脑的。我们所有的感觉对人类来说都是非常有用的。在太空中，没人能听到你的尖叫。垂直相距约 100 千米，唯一的信息传递方式就是通过光。我们生活在一个广阔且不断膨胀的宇宙中，唯一了解它的方法就是通过光波传输：无线电波、微波、人类可用的紫色到红色光谱的光波、从紫外线再到所有高能光束，以及通常被地球大气层屏蔽掉的 X 射线和 γ 射线。

最终，光可能是最重要的。我们似乎一直都知道这一点：《创世记》以“要有光”作为开篇，这是创造的第一时刻。当然，《创世记》与宇宙物理学提供的证据并不完全一致。不过，开启、生光、向世界注入光明、划分光明与黑暗的这一刻，是一幕极具震撼的场景。这昭示着一个开始，从此分界存在与不存在。时间、空间、物质和能量都同时产生，利用宇宙学证据推断出的故事由此拉开序幕。

但是一旦开始问物理学家，这个故事就会变

得更加神秘：这个故事中没有“之前”，也没有明确的发生在“那里”。那时也没有任何人类可以想象的“物质”，因为宇宙的诞生一定是从虚粒子开始的。宇宙逻辑学家提出的那些“快速论断，看似有理”的说法之一是：虚粒子存在于所谓的量子真空中。我们应该在此驻足，提醒自己，人类可能不仅处于未知的领域，而且处于不可知的领域。没有任何实验可以重现创世的瞬间，我们这些不是高等数学物理学家的人也不会完全认可那些人的推理。但是，高等物理学的工作是基于这样的假设：非不可能的事，未违反物理学定律，那就必然是可能的。这并不意味着它一定会发生，只是可能会发生。其中之一就是虚粒子。虚粒子可以在一个称为“普朗克时间”的时间间隔内突然出现又归于虚无，该时间间隔是一秒内的极细分，几乎是无法想象的短暂。它没有违反任何物理定律：这一瞬时内所隐含的能量被借用，并在1普朗克时间后返还。量子真空是描述通过量子力学推理而成为逻辑的理论状态，它在创世过程中错综复杂，无人能够描绘，也无人可以想象。

各科学组织发布的向普通读者说明从宇宙诞生之初到现在的历史的海报，其中几乎都包含最初的大爆炸。但是这样的爆炸（那是一次令人难以置信的热膨胀、惊世骇俗的大爆炸，以至于在137 亿年后，我们仍然可以测量其温度并记录其辐射）是不可见的，也就是说，它不会涉及任何可见光。天文学家和宇宙学家总是向我保证，在宇宙诞生之初的 100 万年中，有很大一部分空间都看不到光。有人对我说过，宇宙曾经是非常不透明、非常“浓稠”的，以至于任何望远镜都无法观测。光是后来才出现的。尽管宇宙一定是从一个虚粒子开始的，但是无论如何，当时的它应该是像人类现在了解的那样：浓稠、笨重，具有我们可以测量的质量和我们可以记录的维度。

爱因斯坦方程表明质量和能量是可以互相转

化的，早在人类首次进行核武器和热核武器试验之前，物理学家就知道这一点。核武器将少量物质转化为纯粹的、具有破坏性的能量，反之亦然。粒子加速器可以看作记录物质和能量运动的电影摄影机，在建造大型强子对撞机之前很久，研究人员就已经观察到了能量向物质的转化。他们记录了一个正电子和一个电子的突然出现，似乎是突然出现的，即反物质和物质，两个离散且可观察到的团块（由于它们具有相反的电磁荷）展现了螺旋电弧，然后互相撞击，再次成为γ射线形式的纯能量。因此可以得出结论，所有物质——不仅是电子和质子，还包括原子、元素、化合物、聚合物、肉、血、铁和土壤等——都只是光线聚集、火焰闪耀、能量爆发，至少会保持一段时间的坚实、持久、静态。这一令人着迷的观点在宗教、哲学、诗歌和艺术中以各种微妙或明显的形式回响、预示着。

同时，这一观点也存在着一些不美好的问

题。比如，当辐射变成物质时，似乎总是会凝聚为等量的物质和反物质，这两个实体是完全真实但互相对立的。在这种情况下，为什么人类生活在一个看起来几乎完全由物质组成的宇宙中，而只能在科学实验中观察到反物质？如果物质和反物质是在互相伤害中寻求彼此，我们为什么会在这里？我们应该受到威胁的所有反物质在哪里？

再比如，如果物质只是暂停并集中的光，就像蒸馏出来的白兰地那样，只是从某种宇宙蒸馏器中滴下的光的蒸馏，那么为什么物质具有质量？为什么一根铁棒或一桶猪油不能像月光一样缥缈空灵？

这两个问题都有假定的答案，一种可能性是物质与反物质的产生一定不是完全对称的，而我们的宇宙就是沉积物，即在旋风般的相互毁灭后仅存的一种特殊形式的物质。如果是这样，持续观察物质与反物质的产生应该能证实此假设。这样的测试需要构建一个粒子加速器，使物质加速到接近光速，为每个粒子提供巨大的相对能量，以便当它与另一个同样加速的粒子碰撞时可产生碎片，其中一些碎片应与创世之初或在大爆炸之后出现的碎片一样。其中一些碎片会消失成辐射，然后从辐射中凝聚并再次破坏自身。如果人们持续进行这项实验多年，也许能够观察到所假定的不平衡状态，最后感慨："啊哈！正如我们所想。在物质与反物质这一重大战争上，我方以微弱优势险胜，物质战胜了反物质。虽然只是险胜，但这足以解释银河系、仙女座星系、本星系群，以及迄今为止我们所能探测到的一切。"

当然，同一实验已经初步回答了另一类问题，即为什么物质具有质量，为什么起源于光的事物会凝聚成一堆可以称重的事物。从理论上讲，存在一个称为希格斯场的东西，或称为希格斯玻色子的物理实体。物质之所以有质量，是因为在物理学家所称的极早期宇宙中，希格斯场就会让物质产生质量。它以某种方式减慢、分离和压缩辐射束，再施加阻力或锚点，使一道瞬间的光、一股虚幻的精神、一个自由的闪电火花变成更独立和厚重的东西：一个精灵变成了一条鲱鱼，一道射线变成了一只蝠鲼。曾经的缥缈现在成为重力。这是一个非常可喜的想法：我们都是光明的产物。

灵魂的古老观念——灵魂是一种脱离肉体的、非物质的实体，它告知身份、崇尚正直、承担责任、回应浪漫——是与光本身不可分割的概念。在天堂与上帝同在的救赎和与上帝重逢的持久观念仿佛预示着一种光量子的结合，或者是光融入永恒的光辉中。但丁·阿利吉耶里讲得很巧妙。《神曲》以但丁的第一人称视角穿越盘旋的地狱，到达天堂之下的炼狱山山顶，他的比阿特丽斯正等着护送他进入天球，以面对永恒的神圣之光本尊。作为一个凡人，不但可以一睹永恒，而且可以一睹圣父、圣子、圣灵的三位一体，但丁非常合理地抱怨言语不能传达经验，但他仍尽力而为：

那种至高无上的清澈，无穷无尽，

在透明物质内，我眼前是三个球体，

三种不同的色调，各占据一个空间。

第一个映现下一个，

仿佛是彩虹之虹，第三个貌似火焰，

从第一对中呼吸。

但丁努力领会这一奥秘，毫不奇怪，在他理解的那一瞬间，他将自己的理解瞬间描述为“闪光”。在这一伟大作品的最后一行中，一切都变得清晰起来，他的意志和渴望被爱所改变——“打动太阳和其他恒星的爱”。上帝是光明，善良是光明，无知是黑暗，从黑暗中逃脱就是拥抱知识（或者称为学习、科学或学术），除此之外，还有理解。让我们回到波爱修斯及他的《哲学的慰藉》。我读过的这本书最早的版本是 1969 年版，在这一年的五年前，我在 C. S. 刘易斯所著的《废弃的图像》一书中首次了解到他。那一年，NASA 的一台“游侠号”机器人在月球的宁静海中紧急降落，其携带的电视摄像机却无法正常工作，任务随之在月尘和黑暗中告吹。几个月后，第二次“游侠号”任务以漫步速度（每秒约 1.6 英里）撞击月球的云海，并在最后 17 分钟的下降时间内传送了 4300 张月球图像。苏联工程师将“Zond 1”探测器发射到了金星，其上有一个登陆舱，该舱本应记录行星大气和表面的信息。“Zond 1”抵达了，但它的通信系统出现了故障，任务也在黑暗中悄然失败。如果当时人类都知道这些事情，估计也很快就会忘记：1964 年，四位利物浦人掀起全球披头士热潮；卡修斯·克莱成为世界冠军并改名为穆罕默德·阿里；北罗得西亚独立为赞比亚共和国，肯尼思·卡翁达担任第一任总统；在南非的种族隔离制度中，纳尔逊·曼德拉被判犯恐怖主义罪入狱；演员理查德·伯顿与女演员伊丽莎白·泰勒首度结婚；英国工党政府执政；越南战争仍在继续，而且在恶化；我本人结婚了，妻子怀孕了；一位文学编辑给了我一本书让我评论，就是这本《废弃的图像》。

在这之前，我就注意到了刘易斯：在 20 世纪 50 年代，他所著的《地狱来鸿》——这本书是资深魔鬼对作为恶魔传教士的徒弟们的启示，尽管读者不相信路西法或别西卜——大受欢迎。或许还有更多的人阅读了他的科幻三部曲，第一部是《沉寂的星球》——一位叫兰塞姆的剑桥学者的故事，他被绑架到一艘宇宙飞船上，然后飞船飞向火星。很明显，尤其对青少年来说，这三部曲是寓言，也是对罪恶、损失和救赎的评论。无论如何，我们都应该读一下。

在《废弃的图像》中，批评家刘易斯讨论了基于托勒密或前哥白尼时代世界观的古典和中世纪文学基础，其中，地球是创世的中心，是在月球之外永恒天堂中崇高的公民、元素或实体所观察到的不完美之巢。在书中，他欢快地认为不需要讨论他认为最重要的三种文本——《圣经》、奥维德和维吉尔的作品："我的大多数读者已经知道它们了。"即使在当时，他的观点可能不对，但他还是分别介绍了卡尔西迪乌斯、马克罗比乌斯、伪狄奥尼修斯、阿普列乌斯以及他们对乔叟、弥尔顿和托马斯·布朗的影响。接着刘易斯用十五页的篇幅专门介绍波爱修斯：他的《哲学的慰藉》几个世纪以来一直是"最有影响力的拉丁语书之一"。阿尔弗雷德大帝、乔叟和伊丽莎白一世都曾将这本书翻译成英文。刘易斯说："我认为，直到约两百年前，在任何一个欧洲国家，都很难找到一个受过良好教育的人不喜欢它；而在中世纪，要想一览这本书，几乎得改换国籍。"

波爱修斯是一名基督教罗马教徒，是西奥多里克的大臣。刘易斯提到，西奥多里克当时统治着意大利，从很多方面来说，西奥多里克是比许多国王都更好的统治者。然而，西奥多里克怀疑波爱修斯，并逮捕、拘留和监禁了他。波爱修斯后来被绳索"缠绕着脑袋直到眼神涣散"，最终在公元 524 年被乱棒打死。在他失去权力到被执行死刑的这段时间，他写了《哲学的慰藉》。这部作品里的意象、思想和语言，刘易斯在弥尔顿、但丁、乔叟、莎士比亚和菲尔丁的作品中都能看到。伯特兰·罗素在他 1946 年出版的《西方哲学史》中说，他无法想象在波爱修斯去世前的两个世纪里，其他任何一个欧洲人能从迷信和狂热中如此彻底地解脱，在他死后的十个世纪里，也没有这样的人，"他在任何时代都是杰出的，在他所在的时代，他更是无价之宝"。

罗素并不是唯一这样认为的人。但丁在《天堂篇》第十章中不带姓名地提到了波爱修斯，但丁认为他是 12 种强大的光环之一，所有的知识都达到了崇高的不朽境界。刘易斯认为《哲学的慰藉》一书，在 1000 多年的时间里，"使许多高尚的思想都受到了滋养"。在书中，她（哲学）为波爱修斯朗诵了一组诗句，并提醒他：

这是一个曾经自由的人，

带着热情的虔诚者爬上天空，

凝视深红色的太阳，

月亮的公平被冻结。

天文学家曾经多么欢乐，

去理解行星，

与行星漫游。

即使在匈奴人阿提拉和西奥多里克统治时期、罗马帝国的瓦解时期，以及黑暗时代的来临之际，将知识和成就与光明混为一谈，将愚昧和悲伤与黑暗混为一谈，都不是非常新潮的想法。不难想象，波爱修斯至少会像他的新柏拉图式沉思一样，获得一些物理学上的满足。其中之一就是他的学识接班人利用光来拓展人类对更广泛的创造的理解。

波爱修斯把光看作自然而然的事情——我们每个人都是这样，有眼睛的人都可以看到光——

但我有一种感觉，作为一个理解力强、善于交流的天文学家，他一定会很喜欢哈勃太空望远镜。这架沿轨道运行的仪器在空中旋转拍摄，得到的非凡而美妙的照片成为数以千万计的人在艺术和哲学上的满足愉悦之源，并且我们都能从中发现心头所爱。我钟情于《哈勃深空》这张照片。它不是最漂亮、最引人注目的照片，甚至不是最清晰的照片，但比起其他任何一张，它更能告诉我，我从未真正了解过光明与黑暗。这引发了很多关于时间、物质、宇宙形状、视觉本质及存在本质的问题。它还从哲学的意义和实践的角度告诉了我一些有关光的知识，以及关于人类如何记录现实的一些知识。但是要理解图片，就必须了解更多关于它如何拍摄、光是什么的知识。

* * * * * * *

只知道光是以绝对不变的速度在真空中辐射的电磁波是不够的。来自太阳的光是白色的，至少看起来是白色的，当太阳光通过棱镜入射时，它会分裂成一系列彩虹色，这只有在它是波形而不是粒子、原子或光子（物理术语，光的最小组成部分）的情况下才能完成。仅仅称之为可见光是不够的，因为进化已经使人类的眼睛通过观测机制适应了某些波长——从红光到紫光。仅仅是出于所有实际目的，从事普通工作的人不会认为可见光以外的光对“看到”任何东西有用，但是对物理学家来说，光就是光，是可以被观察、质询、部署和测量的无缝信息流。

光告知我们距离：如果距离远，光看起来就微弱；如果距离很远，光就几乎看不到了；如果距离更远，光就根本看不到了。当光从一个光源发出时，其能量随距离平方的增加而减弱，亮度随之下降。实际最亮的星星不一定比最近视野中的其他星星亮。这种说法的逻辑是，距离较远的恒星发出的光可能太微弱，甚至不可见。当然，如果用双筒望远镜或天文望远镜放大视野，那么可以看到的星星比用肉眼看到的星星要更多，而且望远镜可以收集的光越多，视野就越好。因此，在没有天文望远镜或双筒望远镜的情况下，人类可以看到的夜空中的星星数以千计，但是在银河系中可能包含1000亿到4000亿颗恒星，其中太阳系只占了“郊区”非常小的一点儿地方。

我们至少可以用肉眼看到的星系之一是仙女座星系，在1920年之前这一星系还被认为是造星物质的污迹或云团。1920年之后，天文学家开始接受它实际上是另一个星系。现在已知它是一个螺旋星系，可能有10000亿颗恒星，距离地球至少200万光年，但正在朝地球方向移动，大概在400万年之后会撞上银河。这就是仙女座星系的不寻常之处，它正向我们走来。大多数星系都在飞离我们，而我们也离它们越来越远。

当哈勃太空望远镜拍摄到这张深空照片时，我们已经知道了宇宙可能包含1000亿个星系，每个星系至少有1000亿颗恒星。宇宙应该充满光明，任何地方都不应有黑暗。但宇宙其实是存在黑暗的，为了拍摄这张深空照片，哈勃太空望远镜对准太空上的一个暗点聚焦了十天，照片上的每一处术语都需要注释。首先，这一暗点位于大熊星座，确实很小，只有2.6角分。不习惯用角分单位的人可以想象一下，如果整个夜空是由每个2.6角分的小网格组成的，那就一共有2400万个网格。一粒沙的尺寸相对于一条胳膊的长度，就差不多相当于2.6角分，所以这个暗点非常小。接着是十天的问题：哈勃太空望远镜正在轨道运行。在1995年12月的十天内，哈勃太空望远镜绕地球旋转了150次，但始终保持其相机聚焦于这个暗点。哈勃太空望远镜巨大的主镜收集了空中这一小小暗点发出的光子，将其聚焦在较小的副镜上，再传递给将其转换为1和0的科学仪器。这些数据以无线电信号的形式发送到地面跟踪站，然后发送到马里兰州戈达德太空飞行中心，再到马里兰州太空望远镜科学研究所，直到这里，间歇性的、短暂的光点才会在室内屏幕上一点点铺开。这样的结果提醒着人类，我们不仅不知道宇宙的范围，而且无法获知范围。在我们所知的世界之外，还有很多很多未知的领域，比我们所希望看到的还要多。

《哈勃深空》是一张合成图像，是由四个宽带滤光片捕获342次光子曝光合成的，每个滤光片的波长从近紫外线到近红外线不等。在对那个暗点长时间曝光产生的底片中，科学家们数出了1500到2000个星系，其中一些星系距离我们100亿光年，因此在100亿年前就已经发光了。如果随机选择一个暗点就有1500到2000个星系，并且有2400万个这样的暗点，那么仅通过一个接一个点地聚焦观察就可以再发现400亿或500亿甚至1000亿个星系。理查德·潘内克在他出版于2000年的《眼见为实》一书中称该暗点为“NASA在天上钻出的洞”。

在2003年和2004年，控制哈勃太空望远镜的天文学家进行了更深入的探索。他们在天炉座中选择了一个位置，并再次进行了相同的操作，只是时间更长，并将结果称为“超深空”。之后他们探得更远，让哈勃太空望远镜“凝视”那片超深空区域累计达23天，收集所有到达望远镜处的光子或粒子，并在2012年发布了《哈勃极深空》。该图展现了5500个星系，其中一些星系距离我们132亿光年。也就是说，21世纪的望远镜收集的光是132亿年前宇宙幼年时期最古老的恒星留下的，当时宇宙大概只有5亿岁。

* * * * * * *

每一张照片都讲述着一个故事，但是《哈勃深空》及其后继者讲述的故事如此之多，以至于可能需要一整本书才能把它们一一讲述清楚。仅仅根据对天空中一处针孔大小的区域拍摄的一张照片，天文学家就将他们对宇宙中星系总数的估量增加了一倍。我们已经知道他们为何有信心做到这一点，因为根据哥白尼原则，宇宙各处遵循的法则是一致的，所见之景，在任何方位、任何距离都大致相同。宇宙中充满了星系，星系之间存在巨大的空间，如果能对整个宇宙的把戏一目了然，那么星系看起来似乎是成群结队的，就像岛屿陷入群岛之中一样，恒星似乎也陷入星座之中。与星系之间存在着广阔的虚空一样，星系群之间似乎存在着更广阔的空间、更多的星系群，似乎永无止境。

还有一个重要的故事是关于时间的。我们已经知道，望远镜传递的信息不是现在的，而是当时的。当击球手看着球从投球手的手指中飞出时，他已经“接收”到了约 0.25 秒后才能真正看到的事情的信息，这主要是因为他的视神经需要一段时间才能将信号传递到视觉皮层，然后大脑需要时间来处理以光速到达的信息，再将其转变为体现速度和轨迹信息的图像。而在此期间，球已经行进了一段距离，因此击球手的信息总是过时的。天文学家掌握的信息总是老旧的，他们的大脑也是有选择的。天文学家也是人，他们有可能只看到他们想看的东西。所幸的是，他们中的大多数人都知道这一点，并希望通过其他观察或独立实验尽可能多地证实其结论。击球手通过始终将球击向边界来证实他的观察结果，这是更具说服力的证实。天文学家知道他们正在观察过去，这正是物理学的神奇之处，他们可以从收集到的光线中判断出光线到达地球所需的时间。当被要求解释如何做到这一点时，他们只是说“红移”。

关于光的美妙之处在于，光是由物质发出并被物质吸收的。物质不仅是简单的光的聚集，还永远与光一同跳着加伏特舞、方块舞、小步舞。人们很容易认为，爱因斯坦因其 1905 年的狭义相对论，或 1916 年的广义相对论，或 1905 年的质能等效原理（$E = mc^2$），或三者皆有，而获得了 1921 年诺贝尔物理学奖。然而，尽管诺贝尔奖提到了他对理论物理学的贡献，但他受此殊荣的原因是他对光电效应的研究。光电效应指：向物体照射光，其中的一些光会被物质吸收；加热一个物体直至其发光，你看到的将是该物质发出的特定波长的光；这些波长、频率、光的颜色取决于发出该光的元素，每种元素吸收或发出特定的波长、频率或能量（量子力学就是从这种现象起步的，该领域的奇妙就让其他专家撰写吧）。

从广义角度来说，光带有发出光的元素的特征。如果光穿过一团物质，它会在到达望远镜镜片、相机或眼睛的过程中拾取穿过的元素的特征。眼睛可以看到这种特征，可以看出氢光的色彩与钠光或氖光的色彩不同，但是我们不能完全地看到它，就好像是用粗大的笔刷而不是用笔尖较细的钢笔画出的。不过，利用分光镜可以完全地看到一切：使光通过分光镜，就会出现可辨析的元素吸收光谱，天文学家将其称为夫琅和费谱线。

这一谱线表明，有关氢、锂或铁等元素的光线是如此精妙且具有特征，以至于氦（Helium）元素存在的第一个证据，甚至其名称，都来自对太阳光的分析："helios"是希腊语，意为"太阳"。

光的另一个关键因素是它以波的形式传播。声波如此，光波也是如此。光像声音一样，随着波长越短、频率越高，其能量也会越大。就像刺耳的噪声会令人痛苦，更高的频率甚至会导致失聪一样，高频光也更有破坏力。紫色光还好，紫外线是看不见的，并且具有潜在的破坏性。多普勒效应表明，声源在朝向听者移动时发声与在听者身旁发声（声源发出的声波恒定不变），听者接收到的声波是不同的，并且随着声源逐渐远离听者，接收到的声波还会产生变化。因此，来自逐渐接近地球的恒星的光会显示出光波的推进，它们似乎具有更多的能量或更高的频率，光在光谱上的颜色会朝蓝色转变。来自逐渐远离地球的恒星的光会拉长光波，能量减小，频率降低，光在光谱上的颜色会朝红色转变，即红移。光速是绝对的，它以每秒约 30 万千米的速度离开恒星，并以相同的速度到达地球，无论恒星是远离地球还是接近地球，变化的都只是光的频率或颜色。由于恒星一开始可能具有不同的颜色，所以这种蓝色或红色本身并不能告诉我们什么。但是夫琅和费谱线（作为标志的一小部分谱线明确证实了氢、锂和氦的存在）将出现在光谱中意想不到的位置。因为这些可辨别阴影之间的关系（夫琅和费谱线）保持不变，所以天文学家可以确定他们看到的是红移。标志线的偏移越远,红移就越大；红移越大，光源远离地球就越快。从本质上讲，这就是天文学家如何知道星系正在（整体上）彼此远离，就像宇宙在膨胀一样。以上是简易说明版本。

实际上，红移并不是那么简单，引力场也会影响光，宇宙学家必须将引力红移与宇宙学红移区别开来。不过本书还是继续使用简易版本，因为它体现了一些东西：如果在可观测的宇宙中，物理定律适用于任何地方，那么目之所及都可以做一些合理假设。比如，哈勃著名的深空照片中所描绘的星系不仅非常微弱、距离很远，而且它们正在迅速地远离我们。远离速度最快的，就是距离我们最远的。地球上的天文学家观察到，某些红移速度似乎接近光速。这意味着对其中一个星系的假想观察者来说，这个银河系也会以接近光速的速度远离。就人类而言，我们就在这里，无处可去，所以这对距离 100 亿光年和 100 亿年前的星系来说,也一定是这样。这是唯一的可能，因为宇宙本身在膨胀。宇宙空间在移动，连带着物质移动。如果说 100 亿年前离开银河系的光表明它们已经以接近光速的速度与我们分离，那么可以得出结论：在这 100 亿年间，它们以更快的速度离我们更远了，在某一时刻，我们认为我们已经看到的光源早已在视野之外了。它们 1 年前、100 万年前或 10 亿年前发出的光可能永远不会到达地球这里，因为对我们而言，那些遥远且看似静止不动的星系群可能正在以超过真空中光速的速度远离我们。由于 4 个世纪前开始的一场知识革命，人类可以得知很久很久以前、很远很远之外不言自明的真理。我们可以如此确信这些真理，要归功于牛顿和赫歇尔等人研究的望远镜原理，以及詹姆斯·克莱克·麦克斯韦、爱因斯坦及他的同代人运用的一些基本数学和推理方法，还有将望远镜置于使闪烁变成星光的大气层之外的先进火箭技术，这些都在整个过程中解决了诸多重要细节问题。

* * * * * * *

正如道格拉斯·亚当斯兴高采烈地在 1978 年 BBC 广播电视连续剧《银河系漫游指南》中所说的那样："空间很大，大到你无法相信。"当然，亚当斯只想到了太阳系和对应的银河距离。《哈勃深空》传递的信息有一种喜剧的意味，那就是在达到一定水平之后，大小变得毫无意义。确定可观察的宇宙包含400亿或1000亿个星系，接着再重新思考，不，是2000亿个，还是4000亿个，这意味着什么？这并不会使人类比现在更显得微不足道。

如果地球是太阳系中的一个微不足道的天体（这是事实），我们的母星太阳只是一个中年主序恒星，它存在于一个拥有1000亿颗恒星的星系中，这些恒星加起来只是整个星系真正质量的一小部分，因为质量中的大部分是暗物质，到目前为止还无法检测到，那么人类的意义已经很清楚了：作为一团物质，我们可被忽略不计。如果人类不在这里，星系的其余部分将永远不会知道人类的存在。地球及其生物的消失不会对太阳系产生任何影响。除了太阳系外，在距我们最近（那些距离仅4光年，或40光年，甚至400光年）的恒星上，没有其他使用过类似人类技术的假想观察者知道人类曾经在这里。这个星系横跨10

万光年之遥。

对 20 世纪初的观察者来说，人类在宇宙中的地位没有任何意义。他们认为他们观察到的星系实际上就是整个宇宙。现在，宇宙的大小可以是任何人的猜测。宇宙有起源，这似乎表明宇宙可能是有限的。根据观察的逻辑，如果宇宙始于 138 亿年前，那么在任何方向上可观测的宇宙都将被限制在 138 亿年内。从理论上讲，这是个直径约为 280 亿光年的球形宇宙。但是如今我们能看到的从 138 亿年前发出的光正在这 138 亿年中远离我们，所以宇宙的直径至少是 460 亿光年。以上这些，还没有考虑许多物理学家认为发生在创世之初第百万分之一秒内的奇怪事件。他们称此事件为暴胀。它与天文学家可以测量和计算的空间膨胀不同。此事件将赋予宇宙其属性，这些属性意味着对人类而言正确的规律在所有地方肯定都适用，人类从银河四周观测到的现象对于所有星系（包括人类永不可见的星系）都适用。在这种情况下，在创世之初第百万分之一秒时的某个地方，宇宙突然从亚原子微粒的尺寸膨胀到了巨大规模，然后停止了这一膨胀。当时的宇宙可能是一个沙滩排球那么大，或者可能直径达到几光年。膨胀阶段停止后，宇宙继续以现在的膨胀速度进行膨胀，在随后的138亿年里一直如此。尽管这种膨胀确实没有任何意义，但从另一个层面来说，它解释了一切，如果我们能理解的话。

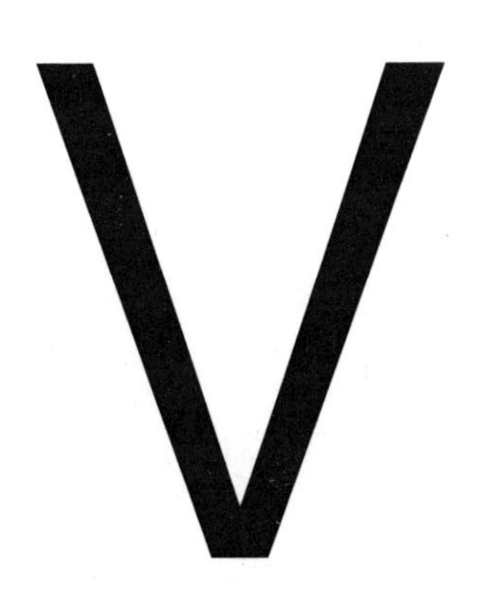

黑暗中的距离

我们该如何理解这些发现？一名柏拉图研讨会的听众，或者一位见证罗马帝国灭亡的高级公务员，或者一个伊丽莎白时代的冒险家，或者一位佛罗伦萨的诗人，会如何理解这些发现？我想，他们一开始会倒吸一两口凉气，思考片刻后，其反应会与现在的我们相同：接受、困惑、怀疑，纷至沓来。之所以有可能接受，是因为从表面上看，在没有能力检验证据的情况下，宇宙学所讲的故事不会比基督教信仰了2000年的存疑核心故事——上帝用了六天创造世界，第七天休息，男人和女人就是最初的创造行为之一——更难或更容易接受。

我之所以称它为基督教信仰的"存疑"核心，是因为很明显，圣奥古斯丁对这一故事的字面意义存有疑虑。他在写于公元450年之前的书《上帝之城》里指出，《圣经》永不撒谎，并承认了创世的存在，但随后补充说："那些天是人类无法想象的，更不用说描述它们了。"圣奥古斯丁非常合理地指出，人类以早晨和傍晚、日出和日落记录天数，而最初的三天是没有太阳的，我们被告知,太阳是在第四天形成的。他将光及早晨、夜晚的性质列为“超出了人类的认知范围”的诸多问题中。他还提到了《创世记》故事中未提及的问题，其中之一是：当上帝创造世界时，时间和空间是否一直存在？他得出的结论是，如果假设上帝是在永远存在的空间中，为什么他要在这里而不是在那里创造世界？如果时间是无限的，那么问题来了：为什么是现在而不是那时或其他时间创造世界？他说：“我们不应该考虑世界之前的无限时间，正如不考虑世界之外的无限空间一样。因为世界之前没有时间，所以世界之外也没有空间。”

启蒙运动发生后，后来出生的我们有时会认为自己是受了知识启蒙的，但还是很难读懂圣奥古斯丁、塞涅卡、小普林尼、苏维托尼乌斯或卢克莱修的译本，而且依然认为他们存在于某种哲学的深渊，他们无趣、无知、顽固、不敢自我思考，他们对普通人感兴趣的议题无动于衷。圣典的语言一直是一个问题，特别是对于那些想使《圣经》与非圣经世界相吻合的思想家。

这方面，我最喜欢挑出来当典型的人物之一是英国皇家天文学会的塞缪尔·金恩斯牧师。他在1882年撰写了一本令人遗憾的反达尔文主义小册子《摩西与地质学，或〈圣经〉与科学的调和》。“天”是一个不确定的时间，可以涵盖无数个世代，金恩斯对此毫无疑问，同时他也完全可以解释摩西——相传他写了《旧约》的前五卷——的宇宙论和创世的前六天，以及19世纪的天文学、考古学、古生物学和地质学所描述的故事。他会选择一个地质时期或古生物学事件，并将其与《创世记》中的一个事件相匹配。他分析出，在时间顺序上，根据地质记录和《圣经》文本，能用科学解释的事件与摩西讲述的故事是吻合的。如果没有神的启示，他所选的十五个例子被按照正确的顺序记录在《圣经》里的概率是十亿分之一。以下是他推理的例子：

六、科学：其次是通过种植裸露的种子，例如针叶树的种子，继而获得最低等级或称为裸子植物的开花植物。达娜提到了在泥盆纪下层发现的针叶木材。

摩西："草产生种子。"

七、科学：随后是中泥盆纪和石炭纪地层中的一类较高等级的开花植物，结出低阶果实。

摩西："果树结出果实。"

后来当"上帝在花园里种树"时，高阶果树出现了。

八、科学：直到石炭纪时期之后，地球被大量水蒸气包围，整个地表形成适宜的气候；之后这些雾气消退，阳光直射，形成四季。

摩西："上帝说，让天上的穹苍中有光，让它们成为标记和季节。"

任何试图将科学发现与《圣经》并排比较的想法都存在着深刻的逻辑问题。其中最大的问题是,他们始终认为科学有时会把事情弄错,但《圣经》是不会错的。因此,如果两者能调和,则皆大欢喜。但是科学认为所有观察及其解释都是暂时的,一个可行的理论只有数据支持它时才有效。科学奉行的工作原理是,研究人员可能会出错,而且有时的确是出了错。在某一点上,错误被纠正了,导致你认为可能存在的相似点变得不那么明显,那么这项工作就变得毫无意义了。有人认为波爱修斯已经看到了这种逻辑上的弱点。金恩斯在他的时代被认为是聪明而思虑周全的,但从他所做的某些推理的证据来看,我们对于当时人们对他的评价感到匪夷所思。相比之下,波爱修斯、圣奥古斯丁、许多罗马历史学家和编年史家并不比托马斯·亨利·赫胥黎、阿尔弗雷德·罗素·华莱士或查尔斯·达尔文在他们的时代更错误或更有见地。回望历史,我们仿佛站在石堆顶眺望，一堆代表理解的石头被前辈们小心翼翼地放在那儿，之后被世世代代观察并纠正各种瑕疵，再被逐渐取代。因此，我们看到了更多，因为经过 500 或 1500 年的前期研究，我们获得了一定的理解高度优势。我们并没变得更聪明，但是有了更多的信息，同时也希望有更优质的信息。从某种意义上说，如今任何一个物理科目成绩拿到 A 的学生都比牛顿知道更多的科学知识。但众所周知，牛顿的智慧前无古人、后无来者。

不难看出，圣奥古斯丁没有借助地质地层、化石、高分辨率望远镜，也没有任何关于光的本质的清晰概念，但他要比金恩斯博士聪明得多，明智得多，甚至在某些方面比金恩斯博士见识更广。有人怀疑，如果波爱修斯活在当今，也会像我们中的任何人一样。那些先贤会像我们一样，欣喜地看待不断膨胀、充满物质（黑洞、中子星、主序星、红巨星、白矮星、棕矮星、大行星、小行星、流星、彗星、彗星尘埃、气体云、超新星碎片、化学物质云、巨大的薄雾和氢星云）的宇宙，并借助光知晓万物，但由于星系之间随着距离的增加，相互远离的速度越来越快，星际空间也越来越空虚。他们会问有关时间、空间、物质和光的详细问题。这并不意味着他们会拒绝《圣经》。他们完全有可能相信上帝是造物主，并将《圣经》作为最好的现实传闻证据，同时仍然对创世本身的精密细节和时间顺序感到疑惑：宇宙是如何从没有时间的那一刻，从一个没有空间的空间中开始发展，然后再凭空产生各种生物的？

被问到的问题之一是：什么是空间？如果以前不存在，那一定是有某种东西，而不是一无所有。如果它可以膨胀，那它是一种织物吗？最终它可以膨胀到多远？用爱因斯坦的话说，物质扭曲了空间，物体掉落到地球上是因为空间决定了物质的运动方式，这意味着什么？这最终会比牛顿那些“物质具有引力”“施加拉力”“远距离施加运动”的思想更容易或更难理解吗？还是说，像亚里士多德在他的《物理学》一书中提出的观点那样，事物之所以掉落，是因为它们具有一种被称为引力的先天特性，能往上运动是因为有浮力？亚里士多德还认为，物体掉落的速度与其重量或质量成正比，重物掉落的速度比轻物快，同时提出条件限制，速度也与它们所经过的介质密度成反比。尽管伽利略已经证明事实并非如此，两位“阿波罗 15 号”宇航员在月球表面拍摄到锤子和羽毛同时落在了月球表面，但当我们考虑这种抽象概念时，我们仍然可能觉得重物下落的速度比轻物下落的速度快。还是那句话，我们认为自己见多识广，但我们的旧观念根深蒂固。

我们知道地球是一个球体，但我们也谈到地球的四角或两端，就好像它是平坦的一样。我们认为中世纪的观念是过时且错误的，但是我们仍将这些观念保留在语言、隐喻和意象中了。中世纪的哲学家其实与我们自以为的一样聪明、思想丰富，只是处在不同的思想框架内。我们如今的定理来自牛顿和爱因斯坦，而他们的定理则是来自亚里士多德。的确，我们无法了解波爱修斯对亚里士多德的引力假说有什么看法，只能推测：他为自己安排了将亚里士多德的作品翻译成拉丁语这一任务，但未能完成。但这并不意味着中世纪的思想家就错了。有时他们无须研究或应用现在所谓的科学原理就能做出正确判断。几年前，一位意大利物理学家写信给《自然》杂志，指出但丁·阿利吉耶里在伽利略提出不变性原理前300年就有提及类似的问题。但丁在《地狱》中写道，在怪物革律翁背后完全黑暗的地方进入地狱，在那种缓慢的下沉中他意识尽失，但看到了“极其可怕的野兽”：

> 他继续下沉，缓慢地游动着，
> 回旋而下，尽管我只能感觉
> 风从下面吹来，打在我的脸上。

实际上，要不是风吹在他脸上，他很可能以为自己处于静止状态。特伦托大学物理系的莱奥纳尔多·里奇说，在 1632 年，伽利略描述了他在一艘高桅横帆船上的经历，并用它们来探索不变性原理——现代科学的支柱之一。在不变性原理中，运动定律在所有惯性框架中都是相同的。这意味着，如果船以恒定的速度平稳地航行，在船舱内的人就不会意识到自己在移动。如果一个人拿着本书坐在扶手椅上，以每秒 30 千米的速度在空中移动，乘坐名为“地球”的飞船绕着太阳年复一年地飞行，这种感觉就更不明显了。尽管缺乏数据和技术，但丁却直观地掌握了科学的基本原理。里奇博士说：“尽管如此，在中世纪时期，他对自然法则的看法似乎远远领先于他的时代。”

但这不是但丁有先见之明的唯一例子，他似乎已经理解了另一项科学原理。当然，《神曲》是一部宗教寓言，讲述了灵魂对来世的感悟，它昭示在地狱中会承受责罚，在炼狱中会遭受痛苦，在天堂中会获得救赎，但不止于此。但丁也创造了这样一个世界：一个具有地形、方向、定位、坐标、时空等的世界。那是一个球形的世界，是一颗行星，地方有对立面，白天在一个地方，晚上在另一个地方。这也是一次前往地球中心的旅程。在《地狱》第二十四章中，他正好位于深坑的底部，他的向导维吉尔带领他到叛徒犹大、布鲁特斯和卡西乌斯永远被撒旦吞噬的地方，撒旦本人也被冰封住了。但丁对接下来发生的事情感到有些恐惧，他们必须爬下撒旦的身体，就好像是通往下一阶段的阶梯，他像个孩子一样紧紧抓住维吉尔，并闭上了眼睛。他感觉到维吉尔在撒旦毛茸茸的侧腹上摸索着，抓着乱蓬蓬的头发和布满冰霜的外壳：

当我们到达巨大的股骨处，

大腿间的隆起处，

我的向导费力地转动脚，
一下子滑到了头发上，
我以为我们又回到了地狱。

在某一时刻，维吉尔必须像一只螃蟹一样紧贴撒旦悬崖一般的表面，还要扭转方向。但丁以为他们正在往回走，但是过了一会儿，他们穿过了岩石构成的排气孔或裂缝，在地狱底部稍作喘息，但丁睁开了眼睛：

我想看撒旦的头顶，
我快离开他了，
但只看到他伸出来的大腿。

我呆呆地站着，吓呆了，
让那些头脑空空的贵族评价去吧，
他们不知道我究竟经过了什么。

在牛顿爵士提出万有引力理论的350年前，人们认为重力来自地心的一个原点，从这个原点出发，每个方向都是向上的。但丁并没有在他的诗歌中提出引力理论，他只是在解决地形问题。但很明显，在一些荒诞的时间旅行幻想中，但丁、波爱修斯或圣奥古斯丁发现自己进入了21世纪的大学演讲厅，他们很快就会对听到的一些事情感到欣喜，尤其是暴胀及有关时间的争论，特别是圣奥古斯丁，会很赞同这样的逻辑结论：时间和空间不可分离，应将其视为时空。圣奥古斯丁提过，永恒与时间的区别在于：没有动静和变化，就没有时间；而永恒意味着没有变化。他会喜欢普朗克时间这个概念的。

1普朗克时间是物理学家可以在逻辑上研究的最短时间。如果以科学家用于快速、数量级计算的符号形式来表示，那就是10^{-43}秒。换一种说法，在获得数字之前，需要涉及一个小数点和43个0，或者将其称为一万亿亿亿亿亿分之一秒。那只是一个近似值，真实的数字实际上比 10^{-43} 小一些，但是即使加上“真实”二字，我也确信那仍然是个近似值。它是由包含三个物理学常数——真空中的光速、重力常数和普朗克常数——的方程式得出的。它的名字取自 1900 年，以纪念量子物理学巨人之一马克斯·普朗克。

普朗克时间的关键在于，无法弄清楚创世之初这个微小间隔之前发生的事情。当时空开始时，时钟就已经记录了这一极微小的嘀嗒声。没有“之前”，在我们可能知道它即将发生之前，宇宙已经到来，随之而来的是过去。普朗克时间测量了量子世界中事物发生的速度，而且其数量非常之多。可以说，在 1 秒内，这些普朗克时间的数量就比整个宇宙 138 亿年的秒数还要多，就算宇宙有 1 万亿年的历史，这个数量还是要比这 1 万亿年的秒数多得多。从人类的角度来看，我们对刺激的反应时间为四分之一到五分之一秒，因此思考的速度实际上并没有那么快，这种对 1 秒的细分是没有意义的。但是它对于亚原子粒子并不是毫无意义的，我们所看到和接触到的一切都是由亚原子粒子构成的。在这个看似创世的终极细分中，发生的事情转瞬即逝，我们几乎无法想象，即使我们可以将其以单位记录，甚至测量它们的一些粗略倍数。像日内瓦 CERN 的粒子物理学家试图利用这些微小时间单位进行计算一样，只能用这些单位来衡量的事件之一就是暴胀。当我第一次听说这个想法的时候，我确信这个想法可能听起来很疯狂，但对粒子物理学家而言并非天方夜谭。

物理学家偏爱的某些速记短语是我们普通人难以理解的开始。有一个广受好评但令人不知所云的短语叫“初始奇点”，描述的是一个必须包含时间、空间、物质和所有潜在恒星和行星的一维点，它向外爆裂，接着成为另一个令众人满意的短语——“大爆炸”。这些意象用这两个词来概括，但很难解释在创世之初的第一秒内，那场密集且炽热的爆炸中，时间、空间和物质是如何展开的。暴胀是在那么短的一瞬间进行的。期刊、书籍和电视节目的讨论如此频繁，以至于人们很容易就会觉得爆炸确实发生了。它仍然是一个猜想，但到目前为止，这一猜想已被证实不仅与观察和证据相符，而且与后来出现的证据预测相符。它解释了宇宙中其他一些令人费解的性质，因此，宇宙学家已经检验了这一说法，并将其重新表述为多个版本。但主要的观点是这样的：在最初的普朗克时间内或前后，宇宙仅以真空状态存在。这并不意味着宇宙什么都没有，对数学物理学家来说，真空并非没有，它已经是空间了，具有能量、密度和压力。理论物理学家的想法就是这样的，其中一个想法是一种称为“伪真空”的理论，即那只是一个可能存在真空的特殊状态的标签。这可能只是“一个想法”，没有限制条件，没有否定条件，没有质疑这是不可能的。如果理论上某种东西可以存在，那么物理学家已经学会了接受它可能确实存在的事实。

反物质在被发现之前一直都被视为一种理论可能性。时间旅行（对物理学家来说）仍然存在一个尚未解决的难题：时间是时空的一个方面，这意味着它是一个维度，那么人可以在其中旅行吗？如果不能，有逻辑上的理由吗？有什么数学推理证实不能？尤其是物理学家，他们已经学会相信数学，这就是为什么他们认同伪真空的说法，而且尤其认同这种伪真空的一种特性：在伪真空中，平常的引力变得完全相反，也就是该力排斥、驱离物体；事物不会聚拢，而是会爆炸。人类现在生活在低能量的真空中，从第一秒的嘀嗒声过后的某个时刻就已经这样了，但是在那一秒的极小细分中的某一时刻，宇宙是一个高能量的伪真空。它启动了超快的指数级的膨胀。我们在这里假想一处小颗粒一般的空间，但是当以长度为单位来度量微小的它时，它微小到无法用语言来形容，那又怎能称其为空间呢？

氢原子是目前我们已知的最小原子，它几乎完全是空的空间，其核心中存在质子。上述那处小空间的长度尺寸约为单个质子直径的一万亿亿分之一，理论物理学家称其为量子泡沫。在膨胀理论中，这种小意外（伪真空充斥着反引力）超速运行，一开始翻倍，然后呈指数级地增长。这种倍增时间极短，大约 100 万普朗克时间，总计只有 10^{-37} 秒，其大小就增加了一倍。在几百个加倍时间单位中，这个量子泡沫，充斥着反引力的概念实体。这种与现实的推理相斥的存在，已经变得十分巨大，它以 10^{80} 甚至更大的倍率增长，没有人确切地知道它增长了多少倍。理论物理学家能确定的是，这一过程已经停止。理论物理学家认为，由于伪真空是一个不稳定的实体，所以这一过程停止了。至于它何时停止目前尚不清楚，但是暴胀理论给出的解释是，它在普朗克时间有意义的时间范围内就停止了。对宇宙物理学家来说，伪真空变成某种人类认为的时空和能量所需的过程时间大概是 10^{-31} 秒。与这一时间间隔相比，一眨眼似乎就是永恒，人类目前还没有词语能够形容这一短暂的过程。

在这个概念性时间段结束时，宇宙诞生了，反引力变成了能量，一个温度超高、密度超大的火球形成了。目前我们从地球上所看到的一切，我们还没看到或可能永远看不到的一切，都来源于这股能量，它将逐渐凝聚为星系、星系之外的星系、星系之外再之外的更多星系。这些星系中的每一个都将以光的形式可见，但也将被嵌入一些有质量、无辐射、无相互作用的物质中。理论物理学家称之为冷暗物质。冷暗物质就在那里，但是到目前为止没人知道它究竟是什么。同一过程还留下了另一遗产：天文学家可以用秒、阴历月、季节、阳历或恒星年、纪、代、宙为单位的时间计算和讨论其膨胀速度的广袤空间。

* * * * * * *

几十年前，在马萨诸塞州波士顿市的一个夜晚，我很幸运地坐在那个人旁边，他的名字经常与暴胀理论联系在一起。当时，我已经知道了这一理论的存在，人们都在谈论它，而且我已经听过他对这一想法的总结:宇宙是终极的免费午餐，因为我们看到和没看到的一切都是没有来源的，或者只是来源于非常小的事物。根据这一逻辑，宇宙是借来的，我们都生活在借来的时间里。我们不知道是谁外借的，也不知道这驱动宇宙的能量是从哪个银行借来的，但是我们知道，现有宇宙的全部资产和债务之和大约为零。我坐在那个可以解释一切的人旁边，一直以为我能理解他所讲的东西。

当时，暴胀听起来像是关于宇宙史前时代的另一种猜想。当时的宇宙原始生物都是理论物理学家提出的，他们认为这些生物一定存在于非常早期的宇宙，或者在如今这个奇特的时代仍然幸存但尚未被发现。在 20 世纪 70 年代，我们开始听到很多关于黑洞可能存在或不存在的说法，但逻辑上黑洞是可能存在的。在 20 世纪 80 年代，我被一种被称为“宇宙弦”的现象描述吸引了：几乎无限薄的物体的一维长度，可以延伸至无穷远或形成 100 万光年长的环，并以近乎光速的速度运动。这根弦还有另一个怪异的性质——非常重，1 英寸重约 1 亿亿吨。而且，它的提出者认为，如果它通过某人或某物，那么该人或物将以每小时 10000 英里的速度聚爆为一个与其密度类似的点。

宇宙弦并不一定存在，但是一系列推测的逻辑表明它可能存在。想象一道水晶上的裂痕，它不就是在某种非常坚硬和持久的物体内的一个细长的空洞吗？那么真空中的裂缝会是什么样子？它可能看起来就像宇宙弦，将其视为创世过程中的随机缺陷，当宇宙仍在运行时，可能会有一些潜在的系统故障，日后会显现出来，就像一辆新车的缺陷一样。如此大密度的物质可能是暗物质的理论候选者之一（有许多可能的候选者，其中一些具有描述性的统称，例如 WIMP——弱相互作用大质量粒子、MACHO——晕族大质量致密天体），来弥补缺失的组成大部分宇宙的质量。

宇宙弦具有一些令人满意的特性。例如，它可以帮助解释为什么星系以这样的方式形成，因为要解决的另一个难题是：为什么宇宙是这样的，在大空间之间存在大聚集体？为什么不是用所有的物体铺满整个宇宙？可以把宇宙弦视为隐形的、聚集的力量，触发物体飘移并向彼此靠近，然后灵活地翩翩起舞。宇宙弦还有另一个有用的特性：如果附近有宇宙弦，就能确定一件事——恒星和行星将开始消失。

我引用宇宙弦作为此类实体的实例，数学物理学允许，但到目前为止尚未观测到。在波士顿的那个夜晚，坐在我旁边的美国物理学家阿兰·古斯是暴胀理论的提出者，他在 20 世纪 80 年代初期一直在为神秘的“极早期宇宙”的另一个小谜团而困惑。根据当时的推论，无论在极早期宇宙中发生什么，都应该存在一些非常不寻常的粒子，并且伴随着宇宙弦一起出现了磁单极子。这是人类经验以外的事物,有违常理。你必须想象，一根磁针指向北极的同时却不指向南极。从最初的普朗克时间到现在的宇宙，一系列事情的发生都符合理论逻辑，而从理论上讲，其中一件事应该是磁单极子的诞生与大批量生产。磁单极子可能很难被观测到：在尺寸方面，磁单极子是质子直径的一百万亿分之一，但由于其质量是质子质量的 1000 亿亿倍，所以你可以知道它们的存在。从理论上讲，即使在数十亿年的持续膨胀之后，宇宙也依然充斥着这些从创世以来就存在的神秘事物，但没有一个被观测到。古斯和他的同事研究了这一难题，看看是否可以通过一个完全假设的事件来解答一个完全理论上的实体隐身现象。他们选择的事件是过冷。

过冷是将事物从一种状态改变为另一种状

态。火山可以将过热的熔岩推进空气，然后用普通的方式冷却，将其再次变成岩石，也许有气泡留下的空隙，但它仍然是结晶岩。将一块热熔岩吹入冷水中，它就会过冷变成琉璃，例如黑曜石。这似乎是一种可能的解释，然后他们想到了另一个问题：过冷会对初生的微小宇宙的膨胀速度产生什么影响？古斯做了总结，他告诉我，他回到家做了一整晚的数学计算，意识到影响是巨大的，初生宇宙不再以我们现在认为的速度膨胀（速度非常快，并且随着天体距离越来越远而越来越快），而是会像炸弹一样炸开，在小到不可能的时间内，它暴胀到自身体积的 10^{90} 倍，变成了一个火球。

正如古斯当时告诉我的那样，这一发现的特别之处在于，它似乎不一定是一项重要的发现。这只是用一个假设来解释另一个假设的非证据情况。在这个假设膨胀的宇宙中，无论有多少个磁单极子，它们都将以如此之快的速度分离，分隔距离如此之大，以至于它们都快淡出视线。这样一来，观测到磁单极子的机会就会变得微乎其微。因此，这只是一种可能的解决方案。他花了一段时间研究，又跟其他机构的宇宙学家交流了一番，发现暴胀理论确实具有其他一些值得广泛接受的特性。对于这些宏大而棘手的问题，暴胀理论似乎是一个合理的解释。比如其中一个问题：为什么宇宙在各个方向上看起来都是相同的？这被称为视野问题。

室温是人类可以生存的一个要素，但是室温是随着时间的推移而达到的，从打开的窗户进入的凉风和从散热器升起的暖风都需要时间才能达到平衡。如果房间很大，就可能要花很长时间。但是，一个从激烈的大爆炸开始并向各个方向扩展的宇宙根本不会是这样的，因为这些成分没有时间混合并达到相同的温度。暴胀理论一下子解决了这一问题，无论在微小的初始状态下宇宙的状态如何，在这一惊人的爆炸时刻都会被复制。宇宙中的每个地方都是相同的，包括允许星系在任何地方按照相同的模式形成的微小的不均匀性。

另一个问题是关于宇宙的平坦性的。为什么宇宙看起来能在整体膨胀和潜在崩溃之间达到很好的平衡？科学家在讨论宇宙的“曲率”时，提出了两种可能性：一种是宇宙像球体一样弯曲，另一种是宇宙像碗底一样弯曲。如果是前者，那么是否会有一天，引力减缓暴胀的速度，使其停滞，然后宇宙崩溃，空间、时间和物质都在大崩溃中消失？如果是后者，那么是否宇宙会永远膨胀，而每个星系都将孤独终老，在永恒的黑暗中变得越来越冷？尤其是在 20 世纪 80 年代，万有引力似乎作用在所有物质上，而膨胀和维持膨胀的压力却能达到如此精妙的平衡，以至于宇宙学家都无法判断，只能说上述两种可能性都是存在的。但是，为什么这两种相对的力量（扩张压力和收缩引力）似乎是完美平衡的？科学家将其称为平坦性问题。而暴胀理论也解决了这一难题。在古斯提出暴胀理论一段时间后，宇宙平坦与否这个问题就开始失去意义。宇宙的一小部分肯定看起来是平坦的，就像对在地球上走来走去的我们来说，地球是平坦的一样。并且，暴胀理论还成为这些伟大问题——万物何以如此？宇宙为何存在事物而非一片虚无？为何事物具有 A 属性而不是 B 属性？——的潜在答案之一。

我们中的许多人从这些问题中得到的喜悦与我们从看似合理的答案中得到的喜悦是相当的。这并不意味着这些答案一定是正确的。即使事实证明它们是错的，它们也依旧很吸引人。解决这些难题并不能带来任何显著、即时或明显的回报，但回报并不是我们着迷的原因。像波爱修斯一样，我们可能会迷失其中。这些答案提供了足够的满足感。我们可能会将其视作与现实世界的背离，但这是不合逻辑、有悖常情的。这种研究的重点是要了解现实世界。正如哲学的化身（她）清晰地向波爱修斯解释的那样，他没必要为自己感到难过，因为这一切是运气导致的。运气的工作就是随意地四处走动，向人们施恩再抛弃他们。她告诉他，真正重要的是他的内心，他的目的地是真正的幸福。她说："你成天幻想，但视线被幸福的阴影笼罩，看不见现实。诸如财富、权力、名望、美貌等世俗的追求并不能保证幸福，人啊，为什么要成为那个毫无价值又脆弱的主人的奴隶呢？仰望天堂的穹顶，了解其基础的力量和运动的速度，不要再羡慕那些毫无价值的事物了。当然，比起天空的力量和速度，更精妙绝伦的是支配它的秩序。"

物理学所迷恋的核心，可能正是宇宙诞生的环境及其过程，以及被称为物理学的"大祭司"所带来的奇怪的启示：即使是最疯狂的事情，背后也有秩序和理性的感觉。空间，是从物质坠落的巨大虚空的意义上来说的。我们所处的太阳系内的空间，被尘埃、气体、沙砾、微陨石、小行星、彗星和绕行太阳的大型天体等所填充，被从太阳表面加速的炽热粒子所覆盖，它不是“虚无”，而是“存在”，是有组成成分的。这种成分看起来好像什么都不是，但是如果它真的什么都不是，那就无法想象它如何被大质量的行星扭曲，也无法想象它被遥远的宇宙中的奇怪事件短暂干扰。

1916 年，爱因斯坦提出了关于时空、物质和引力的新观点，这一观点已通过实验和观测得到了反复证实，而在 2016 年，它又一次被我们中的一些人从未预料到的观测结果所证实。这个证据就是引力波在太空中的传播，它来自两个黑洞（不可见的储藏库，埋葬着 20 或 30 个太阳的质量）之间不可思议的碰撞（两个黑洞开始以接近光速的速度围绕彼此旋转直到相撞并融为一体）。而这种完美的纯粹暴力，围绕周围空间的扭矩、弯曲和扭转，从变形区散出“涟漪”，向四面八方传播；随着时间的流逝，“涟漪”越来越弱，传播至少10亿年，直到撞上地球的两台探测器，被人类发现，留下一些经过的痕迹，一些短促的波形，这是一种空间振动的模式这样物理学“法医”就可以据此重现很久很久以前的死亡挣扎。这就好像一块空间像毯子一样振动着，这种振动一直沿整个毯子延伸，越来越小，但仍旧怀有很久以前、遥远而史诗般的振动记忆。可能这样的比喻不恰当，它暗示空间是二维的，应该隐喻成地震、空震、时空的震颤、暴力或断层作用。地震波以可预测的速度行进，速度取决于它通过的岩石的性质和密度，往往会以每秒两千米或更快的速度撞击地震探测器，并随距离和介质的密度不同在不同时间撞击探测器。日本地震将首先撞击东京的地震仪，但不久之后，伦敦、伊斯坦布尔、墨西哥城的探测器将在可预测的时间内接收到相同的信号，并感应到灾难会对某地区附近造成深远的破坏。

这里重要的不是振动的存在，而是有人预言

了这种事情可能发生，而其他人开始试图寻找在事情发生时进行检测的方法，并且物理学家迟早会投入更多的资金用于设计更灵敏的实时记录工具。当哲学的化身引导波爱修斯考虑支配天堂的秩序时，他可能已经想到了引力波。

* * * * * * *

40 多年前，我第一次听说引力波，那是我第一次跟科学报告“斗智斗勇”。时间太久了，我也想不起具体时间了。这可能来自一位经验比我丰富的同事，当时他说，除了光学望远镜和射电天文望远镜外，还有红外线望远镜和紫外线望远镜，它们被安装在火箭上升空，在大气层上方进行短时观测，此外，他还提到了引力波天文学。那时，他向我介绍了美国物理学家约瑟夫·韦伯（Joseph Weber）。这位物理学家自 1958 年以来就一直在他的实验室中尝试使用与所有其他干扰隔离的大型铝制圆筒来探测引力波。

我当时并没有对这个问题多加思考。遥远星系中的暴力事件可能造成宇宙空间的扭曲，这一论点在冷战期间并没有多少人买账，我们更想去琢磨由地缘政治世界的一些极端表现所引发的全球热核毁灭问题。但是在 2016 年 2 月 12 日，我作为《卫报》科学记者的最后一项任务（我不得不找回记忆）是：一个物理学家团队宣布探测到了引力波。他们用两台（注意不是一台）灵敏度很高的仪器确认了探测，并用它们记录了两个黑洞的碰撞，其中一个黑洞的质量是太阳质量的 36 倍，另一个黑洞的质量是太阳质量的 29 倍。在合并成一个质量是太阳质量的 62 倍的黑洞之前，它们俩以接近光速的速度围绕彼此疯狂旋转。简单的算法就可以体现引力辐射所消耗的能量，3 倍于太阳质量的一团物质变成了最纯净的能量，并开始以光速冲出碰撞场景，以一种独特的波的形式扭曲时空来传播自己，在一个方向上可以辨别，而在另一方向上则无法辨别。无论事件本身周围空间的扭曲有多大，这种对时空结构的暴力行为随着涟漪的扩大而逐渐减弱，这就是波传播时发生的情况。这就是为什么最远恒星发出的光更难看见，也是为什么远处轮船的螺旋桨几乎不会干扰到渔夫的小船。不过相同的景象可以帮助我更好地领悟自己对物理学的迷恋，以及它所带来的慰藉。我们每个人都会在自己的小小世界留有一个小空间：支撑爱因斯坦物理学的数学使我们确定地平线之外还有其他事物；在我们无法想象的远处，有一些事情正在发生，它们产生的扰动变成了振动，如果我们碰巧仔细观察到的话，这些振动总有一天会摇动我们的小船。我们可能不会意识到自己跟宇宙保持着联系，但是宇宙的确是与我们保持着联系的。我们所在的这颗不起眼的小行星在其母恒星周围欢乐地航行，其穿越着的怪异虚无，其实并非空无一物。这种虚无是有其成分的，它在移动，我们也可以感觉到它在移动。一个国际物理学家团体已经找到了一种测量这种移动的方法，这种移动只能理解为时空扭曲，这种扭曲是由远处的暴力触发的，具体范围人类可以测量到，不过这要在人类研发出十分精密的仪器，再花上 10 年左右的时间升级精度之后了。

我们之所以这样做，是因为尽管很难观察到引力波，但这并不意味着它们不会继续前进。一场短暂的灾难，两个黑洞消亡，余波荡漾在宇宙中，10 亿年里，逐渐消散，直到有一天，在遥远的星系中，涟漪到达一颗环恒星运行的不起眼的小行星，才把这个故事告诉了一对探测器。每台探测器都能产生一道激光束，激光束分成两束，然后彼此成直角发射出去。分开后两道光束的每一部分都撞向镜面并弹回，再重新组合。当两个信号重新组合时，它们相互抵消，跟预测结果完全一致。

在识别引力波、确认爱因斯坦广义相对论中最后未经证实的预测、拍摄恒星死亡的电子快照等方面，我们还面临着其他技术挑战。我们生活在一个活跃、振动、有力和颠簸的世界中。风摇动建筑，地球远端的地震使基岩颤抖，阳光使石头和水膨胀。任何运动（卡车在高速公路交叉口处隆隆作响，垃圾箱掉落地面时产生碰撞）都能被探测器检测到，十分灵敏的探测器可以感应到以百万分之一的原子直径或千分之一的原子核尺寸为单位的运动。为了检测时空本身的变化，研究人员和工程师不得不想办法将这些仪器与人类世界中的林林总总隔绝。他们做到了。

这些检测器在技术上可能是最先进的，其灵敏度也是无与伦比的，但它们都是基于耳熟能详的物理原理：波可以互相增强或互相抵消；光有着绝对速度，能被频率或波长整除，它是人类可用的最可靠的测量杆，也适用于其他任何潜在的地外智慧生物。路易斯安那州和华盛顿州用来检测引力波的仪器被称为干涉仪。如果来自干涉仪的反射光束有异动，则某些光束肯定是受到了某种干扰。由于激光束是在仅包含时空的真空中穿行，因此干扰是该时空扭曲的结果。如果时空在任何地区、任何方向都正在被扭曲，那么我们将一无所知。但是如果只是空间的一部分扭曲，其他部分正常，那么其中一条光束就会有变化，另一条光束则保持不变。因为扭曲是用原子核直径的千分之一来衡量的，而原子核的直径远小于任何原子，所以仅靠一种仪器进行测量本身并不能令人信服。

值得思考的是这样一个短句：原子核直径的千分之一。这里，激光束充当了延伸 4000 米的测量杆。这是一个非常小的距离，按比例放大可显示它有多小。想想我们到离太阳系最近的恒星比邻星的距离，不是 4000 米，而是 4 光年。以这样的规模，探测器所测量的运动差异不会大于人类头发丝的直径。我们再一次证明了物理学家能够测量看似不可测量的事物的能力。

2015 年 9 月 14 日世界标准时间 9 时 50 分

45 秒，在路易斯安那州利文斯顿 LIGO 的仪器上出现了一个被称为“GW150914”的信号，持续时间不超过千分之一秒。在 3000 千米外的华盛顿州汉福德，LIGO 的另一台仪器记录了几乎相同的信号。两个信号之间有 10 毫秒的间隔，这就是两台探测器的关键所在。如果只有一台探测器，那么实验员永远无法确定他们是已经检测到了引力波，还是检测到了几英里外满载的卡车撞到砖墙，并引发了可以被最近的探测器记录但不能被最远的探测器记录的振动。但是，这两台检测器在百分之一秒内得到了相同的信号。光以每秒 30 万千米的速度行进，因此到达第一台探测器的光以这般速度行进，并以相同的速度继续奔向另一台探测器，讲述同样的故事。这就即时地告诉了研究人员信号是来自天空的哪一部分。信号持续了 0.02 秒，其中的光波干涉图样与一系列的理论预测（假设两个黑洞相撞）相符，如果将其转换为由激光束记录的干涉图样，这就是碰撞看起来应该有的样子。

信号到达 3 分钟后，一台探测器自动宣布了它的重要性,实验人员和理论物理学家开始工作。研究团队花了 5 个月的时间才让每个人都满意。他们检测到了引力波，认为这 90% 是由两个实体的碰撞引起的。这两个实体异常黑暗，光在其中无处可逃，也无法反射，它们的表面都是曾经存在、后来又无限消亡的事物，它们以可以计算的方式扭曲着自己周围的时空。研究人员信心十足地给出了这两个黑洞的质量：较小的一个的质量是太阳质量的 29 倍，误差为太阳质量的 4 倍；另一个的质量是太阳质量的 36 倍，误差为太阳质量的 5 倍。LIGO 团队的 1000 多名科学家和他们的欧洲合作伙伴得出了一致的计算结果，并对信号来源的距离进行了猜测。这一宇宙“交通事故”发生在 4.1 亿秒差距外的地方。秒差距是基于“视差”和“秒”的术语。这一概念对我们大多数人来说意义不大，但需要知道它相当于光在 3.26 年内的传播距离。将其乘以 4.1 亿，再加上一个不确定性范围：距离在 3.3 亿到 5.7 亿秒差距之间。在冗长的确定性声明中，还夹杂着潜在不确定性的估计。无论如何，LIGO 的声明都创造了历史。它解决了一个 100 年来尚未解决的问题，证明了一群物理学家的信念是正确的。这些物理学家说服各国政府投资更昂贵的探测系统，为新型天文学开辟了道路。

它证实了基于爱因斯坦推理的预测，不过爱因斯坦与大多数追随他的物理学家都没想过会得到证实。无论如何，当这个信号到来时，这个学术问题又一次摆到众人面前。爱因斯坦的广义相对论已在无数次观测中得到反复证实，使用的测量技术每十年都变得更加精密，仅有一项预测未经检验。在 LIGO 检测到信号 GW150914 之前，大多数物理学家已经从理论上知道了引力波的存在。问题是：是否可以真切地检测到它们？答案是肯定的，还附带了大量额外的信息。人类是一个被囚禁在自己行星表面的物种，其发明历史不过是起源于将片状的石头当手斧，他们视野有限，但对自己的死亡感到不安。尽管如此，人类还是能够利用物理学重现那场地球生物诞生之前的表演。他们的技术和理论可以辨认出导致宇宙时空扭曲的宇宙灾变。“罪魁祸首”是黑洞，不是碰撞的中子星或突然出现的超新星或任何其他能想到的或尚未想到的可能性。

此外，干扰信号显示的波形体现了碰撞的一些细节。例如，在 LIGO 记录的 0.02 秒开始时，两个黑洞相距 1000 多千米，以每秒 15 次的频率相互绕行，并在以微秒计的时间里不断靠近。在这个简短的信号即将结束时，两个黑洞以每秒 250 次的速度相互旋转，以几乎是光速的一半的速度相互碰撞。当两个黑洞彼此靠近时，它们都会以能量释放的形式失去质量，能量以光速逃逸并成为证据。黑洞碰撞的速度不仅使物理学家对它们的质量，而且对它们的尺寸有新的认识：较小的黑洞的直径为 174 千米，较大的黑洞的直径为 216 千米（这两个测量结果都是近似的）。因此，这样一对检测器记录的一个微小信号不仅提供了引力波的直接证据，而且是推断出两个黑洞发生碰撞的证据，并使每个黑洞的质量和尺寸都可以估算出来。除此之外，它还证实了黑洞可以“双洞共存”，两个不可见的实体一直紧锁共舞，最终消逝于某种不可思议的终结。这不是经常会发生的事情，也不是离我们近到每天都能探测到的事情，但这个微小信号足以证明这一点。理论是正确的，技术也行之有效。对物理学家来说，这不是终点，而是起点。

可能会出现一种新型天文学形式：一种使用光以外的事物凝视天穹的方法，一种记录惊艳、独一无二的现象（这种现象涉及力量和质量，到目前为止也仅在理论上发生）的方法。它会一次又一次地发生，每个事件都会讲述一个不同的故事。LIGO 于 2016 年 6 月检测到了第二个引力波信号。2017 年 8 月 14 日，LIGO 记录了第四号事件（信号 GW170814），第三台探测器准备就绪：一台名为“室女座干涉仪”的合作仪器在离意大利的比萨不远处完成了升级和调整，它及时记录了两个绕轨运行的黑洞之间的碰撞，其中一个的质量是太阳质量的 31 倍，另一个的质量是太阳质量的 25 倍。该信号首先被记录在路易斯安那州，8 毫秒后被记录在华盛顿州，14 毫秒后被比萨的室女座干涉仪记录了下来。使用三台探测器，研究人员能够缩小信号发源地的天空范围，并确认这次的源头比第一次信号源更远：5.5 秒差距或 18 亿光年的距离。而这一次，他们可以总结出波的极化方式：如果两个黑洞彼此螺旋环绕最终相融，那么它们肯定是在二维平面中结合的，因此时空的扭曲应该沿该平面的轴线，并且与该平面呈直角产生更多变形。不过这只是一种假设。有了三台探测器，就有可能在宇宙范围里更好地测量碰撞的几何形状。日本目前正在研制第四台探测器。

欧洲航天局建立了名为 LISA 的项目来应对这一挑战。这是一支以超精密结构运行的航天器编队，其任务是测量从地球上无法触及的时空扭曲。LISA 全称是“激光干涉空间天线”，在我撰写本书时，研究人员刚刚结束 LISA 的“探路者”任务，这是一项历时 16 个月的稳定性实验，实验规模超出了科幻小说中最荒诞的梦幻情节：航天器上的推进器可以使其一直保持在轨道上，轨道精确度预计是 0.01 微米。在引力波天文学中，测量杆越长，精度越高，信息越佳。LISA 整个项目包含三架航天器，形成一个等边三角形，彼此之间相距 250 万千米，通过激光束彼此连接。如果任务继续进行，这三架航天器将在 2034 年发射，到那时，它们将成为第一台能够观察整个宇宙的引力波动的望远镜。

星球工厂

我们应该先停一停。到目前为止，引力波探测器记录时空扭曲遵循的是大科学模式：从字面意义上讲，金融投资巨大，探测器庞大，收益几乎没有。以原子核直径的千分之一为单位来测量的距离不仅很微小，甚至小得无法探查，如果没有两台探测器几乎同时记录到它，根本没人愿意或者能够承认它的存在。以人类的头发厚度来衡量的 4 光年外的变化（2016 年为有助于媒体宣传而进行的类比）从任何实际意义上讲都很难说是变化。对于物理学家和工程师而言，这宣告了一场胜利：他们的设计、构造和证明技术完成了几十年前的天方夜谭。他们证实了引力波是可以被检测到的。

在其他方面，他们当然也是夺魁：他们证明黑洞可以成对的形式存在，在爱因斯坦广义相对论第一个公式公之于世的 100 周年之际又一次证实其预测（美妙的巧合）。到了 2016 年，广义相对论的几乎所有逻辑结果都得到了反复证实。从某一角度来看，对引力波事件的确认看起来掀起了高潮，同时也引起了反高潮，这也许就是为什么许多科学家并不把这些消息当作天文学50年挑战的终点，而是看作天文学新时代的开端。

第一次的观测，以及之后几次的观测都不能准确地说是开端，真正的开端是在各个方面都美不胜收——两颗中子星的碰撞。这很重要，因为黑洞的碰撞没有碎屑，不可见的质量变得更加不可见，但是中子星肯定是构成可居住行星中某些元素的来源。在天文学家的眼中，我们都是由星尘组成的。但是，关于恒星是如何使星尘构成行星乃至人类的，这个故事仍然还不完整。中子星是宇宙中最稠密的可见物质，巨大的恒星燃烧掉燃料，将剩下的质量收缩成点，点中都是原子（我们认为的原子）以下的组成部分。物理学家过去常常把原子视为一个小的太阳系，中心是一个密集而结实的原子核，在其周围环绕的更高轨道上，有着轻如羽毛的电子云。这种类比方法用途有限，并不能真正描述原子的形貌，但的确也是突出了原子的本质：主要是空的空间，由比引力强得多的力维持着。当然，如果在一个地方聚集了足够多的原子，那里就会开始收缩。一颗直径可能是太阳（其直径约是地球直径的 100 倍）直径 2 倍的恒星，可能收缩为直径 10 千米、每秒自旋数百次的物体。一小撮这种物体的物质就会重达数十亿吨。如果原恒星的质量是太阳质量的 3 倍，那么这种毁灭还将继续，最后坍缩成为黑洞。我们可能永远都不知道它曾经在那里。然而，中子星的消亡不是这样，光可以从中逃逸。我们知道其中一些是脉冲星，它们自旋时会发射出高达每秒 700 次的辐射。想象一下一对双子星围绕彼此跳着华尔兹舞，天文学家称之为双星系统。

200 多年来，天文学家一直在记录双星，即两星相互围绕运转的恒星系统。仅在银河系中就有数百万颗中子星,其中许多都处于双星系统中，因此有时双星系统中的两个都是中子星。想象一下，它们微微晃动，或者被其他恒星的力量推动着慢慢靠近，直到像电影中的浪漫伴侣一样，冲进彼此的怀抱。2017 年，全世界的研究人员都记录了这样的拥抱，首次记录便来自 LIGO- 室女座干涉仪联盟。很快，其他天文台也将注意力集中于苍穹中的那片天空——那里发出的信号标志着两颗中子星在 1.5 亿光年之外的一个无名星系中跳着死亡之舞。在几天之内，研究人员开始使用诸如“多信使天文学”之类麻烦的短语。

两颗中子星的灭亡（很可能变成一个黑洞），表现为一场转瞬即逝的 γ 射线暴，这是苍穹的亮丽之最，甚至超过其他所有波长的射线（X 射线、紫外线、可见光、红外线、中短波段射线等）。他们还证实了天体物理学家已知晓但还未直接观测到的知识（目前各种光波中的信息已经足够来证实这一推断）：巨大的能量爆炸和巨大的恒星爆发构成创造最重元素的体制。我们和我们所看到的一切尽是星尘。

宇宙万物始于氢和氦的诞生。所有其他元素都是在一颗恒星的热核炉中锻造的，一旦恒星面临死亡,就必须爆炸或撞向另一颗恒星来释放氮、氧、碳等元素。但是一般的恒星在释放铁元素的时候就终止了这一过程。太阳大小的恒星，在元素数量超过元素周期表上的前 26 种之前，就会自行燃烧殆尽。铁是地球上最常见的元素，地球的核心是铁，热核聚变过程驱动着类似太阳的主序星，但无法解释更重元素的形成。理论物理学家们不得不在这种恒星的铁门前驻足。重型元素的产生还需要其他论据，因此必须引用超新星和其他最具有毁灭性的事件来解释所有其他元素（通常是一直到铀的稀有元素）的产生。这两颗观察到的中子星，一顿噼里啪啦的碰撞，立马就被授予“千新星”的头衔。而在观测过程中，天文学家和光谱学家也记录了重金属以史诗般的规模产生的过程。远离碰撞中心（远离由碰撞新形成的黑洞）的弹片，包含大量的铂、金、铀等元素，总质量约为地球质量的 16000 倍。一位天文学家大胆猜测，碰撞所形成的金的质量，可能相当于 100 个地球的质量总和。

缩小童话般的梦幻与实际科学观测之间的差距，这一过程是愉悦的。2012 年，耶鲁大学的系外行星猎人发现了一颗名为“55 Cancri e”的行星，该行星比地球大得多，绕着一颗名为“55 Cancri”的恒星公转，距地球约 50 光年。它似乎主要由金刚石和石墨组成。《福布斯》杂志将这颗行星的价值定为 26.9×10^{30} 美元，这是一个后面跟了 30 个零的数字。估值不包括将该行星推向市场的成本，也不包括钻石市场对如此规模的需求 / 供应比率变化的反馈。不过这不是重点，重点是：由于对一个遥远星系中的事件的研究，我们现在对地球结构的诸多细节有了更多的了解。

我们的一切都应归功于一场星际交通事故，涉事对象至少有一颗超级巨星。像银河系这样的星系中，中子星碰撞可能 1 万年才发生一次。在更古老的星系中，此类碰撞可能发生了十余次。在一个可能存在1000亿个星系的可观测宇宙中，中子星碰撞是日常事件，但是即使像LIGO这样灵敏的仪器也只能记录到近距离发生的此类事件。观察结果表明，物理学家从各个方面来看都挖到宝了。当然，他们就是这么期望的。理论上说，像LIGO这样的仪器应该能够记录黑洞之间的隐形碰撞，以及比1000个太阳还要亮的中子星之间的碰撞。但是这些仪器的投资者、支持者和建造者的格局要更大。“对我来说，最令人兴奋的是，我们将能够真正地看到大爆炸。利用电磁波，我们看不到大爆炸之后40万年里的情景。早期的宇宙是不透光的,但对于引力波是透明的，可以说是完全透明。”其中一位工作人员对我如此说道，

“通过收集引力波，我们将能够准确地看到初始奇点处发生了什么。爱因斯坦理论里最奇

怪、最美妙的预言是，一切都来源于一个事件：宇宙大爆炸奇点。我们终将能够看到那时发生了什么。”

这听起来像是科学家在庆祝某些具有里程碑意义的成就时往往会说的话，在这种情况下谦虚向来是不提倡的。但我觉得他所说的就是他的本意，只是不够明显。我们以前也遇到过这种情况。我们所看到的一切都是旧事物，连镜子里的脸都是人眼看到的之前几十亿分之一秒的脸。更好、更大的望远镜能看得更远，甚至追溯到更久远的过去。理论物理学家们说，回到足够遥远的地方，在某个接近起点的时刻，宇宙就会变暗。天文学家将这一时刻称为“黑暗时代”。早在路易斯安那州、华盛顿州和意大利北部地区的仪器出现之前，物理学家就提出，引力波探测器可能会揭示宇宙中星系形成和光开始可见之前那段漫长而黑暗的早期岁月。但这只是一种即将到来的满足感，从这种期望的表述中更能看清的是：我们所未知的事物。

*　　*　　*　　*　　*　　*　　*

我们不知道宇宙究竟有多大，也不知道它是什么形状。万物之所以如此，是因为据我们所知，形成人类生活秩序的力量规律（所谓引力定律和热力学定律、电磁波公式，以及塑造宇宙形状的各种力之间的比率等）始终是不变的。一种新的正统说法将地球和太阳系置于一个可观测宇宙的中心，宇宙以一个球体的形式延伸，直径约为 930 亿光年，即接近 10^{27} 米或 1 亿亿亿千米。这种图像某种程度上是有益处的，它提供的这张地图画出了我们在宇宙中的位置，但是，任何这样（知晓人类在宏大体系中的位置）的安慰和感觉在深思时都会烟消云散。“可观测”一词一出，就表明了我们当前可以看到的距离是有限的，在其之外，还有更多的事物有待观测，而在更远处，可能还有更多永远看不到的东西。我们之所以是创世的中心，只是因为我们可以看到各个方向，看起来就好像我们在中心一样。在远超人类视线之外的星系中，可能存在着一个宜居星球，一些有意识的观测者会把目光投向自己的矿物质、水和天然气之外，凝望同样大的宇宙空间，也延伸到了同样的可观测距离。这种想法的逻辑是，这些观测者看到的某些图像将与我们看到的区域重叠，而另一些则不会。如果双方的视线相交，他们见到了我们之所见，那么塑造我们这个可观测的宇宙的力量对他们来说也是相同的。很难想象情况并非如此。数十年来，宇宙学家一直在赋予电磁力、引力和其他影响我们的力量以不同价值的概念。1999 年，马丁·里斯在一部引人深思的著作《六个数字》中指出了保持宇宙稳定的数学关系。例如，如果将原子聚集在一起的电场力强度与将宇宙聚集在一起的引力强度之间的比率略有不同，我们就不是现在这样了。他的六个数字之一非常简单：$D = 3$，其中 D 代表维度。也就是说，我们可以从纵、横、深来进行观察，也可以沿着三个方向运动,这就是我们的三个维度。我们所知道的生活不可能是二维或四维的。但是数学物理学对于更高的维数没有任何疑问，实际上，有关宇宙为何如此的一些推论提出，在某种程度上必须存在更高的维度。从逻辑上讲，适用于我们这部分宇宙的条件，以及产生这些条件的力,在我们随意使用这个术语的意义上是通用的。

如果我们的可观测宇宙始于一个微小的随机事件，其中涉及一个虚粒子和一个伪真空，接着是短暂的暴胀，那么为什么这样的事情只会发生一次呢？为什么在其他地方和其他时间（如果诸如“时间”和“其他地方”在此语境中有任何意义的话）不会发生呢？这个宇宙中还有其他地方仍在发生暴胀吗？还是说，有其他宇宙正在发生暴胀吗？我们周围发生过一次的事情都可以再次发生，这是否适用于所有的一切呢？是否存在一个宇宙机制的永恒国度，那里像喷泉一样不断产生新的宇宙，每个都有其独特的物理定律，因此它们中的一些瞬间就出现，然后在其物质凝结成星系、恒星、行星、人之前爆炸；而另一些忍受时间更久，但为某些实体（目前还是未知，即使我们能够想象）提供了一个家？这些宇宙会与我们一直保持距离吗？还是与我们接触，或相邻，或成直角，或以某种方式与我们产生联系？还有其他维度吗？那些总有一天我们会开始了解的世界，以及其他我们没有办法了解的世界，都是在我们附近吗？

1895 年，H.G. 威尔斯因其撰写的中篇小说《时间机器》久负盛名，但鲜有人知晓他同年另一本风格迥异的小说《奇妙的来访》。威尔斯笔下的主人公是一位和蔼可亲的体育爱好者、博物学家、牧师（似乎具有 18、19 世纪英格兰的特征），他听说有一只奇特而美丽的鸟在荒野上飞来飞去，他怀疑那可能是只火烈鸟。有一天外出散步，他看到前方有个五颜六色的东西在飞舞，当时他手里拿着枪，他“出于纯粹的好奇和惯性动作”就开枪了，然后击落了一个有着极其美丽的面孔的年轻人，他穿着藏红色的长袍，长有彩虹般的翅膀，他痛苦地挣扎着，飞羽掀起斑斓波涛，紫红、深红、金绿、深蓝，一浪接一浪。这位牧师捕获了一个“天使”——一个从文艺复兴时期到拉斐尔前派时期的宗教艺术传统所定义的“天使”，作为一名人道的自然主义牧师，他做了一件体面的事：将“天使”带回家，直到他的伤口痊愈。这是一部社会喜剧，该喜剧基于多元宇宙的思想，一边，我们想象一群被称为“天使”的完全精神上的存在，他们有着翅膀和长袍；另一边，一个受伤的天使极为震惊，口中喃喃道：“一个男人！一个穿着最疯狂的黑色外套，光溜溜的身体上没有一根羽毛的男人。我没有被骗，我真的到了梦里的国度！”

这个故事虽然很小，却涉及所有宗教的偏执、多疑、社会焦虑和对社会主义革命的恐惧，在维多利亚时代末期，如果你将一位穿着优雅长袍的英俊青年介绍到英国西部的一个小教区，你可能就会看到以上那些情绪的表现。但是在这部喜剧中，天使先生和牧师开始讨论他们重叠的世界，也提醒着我们,重叠宇宙（也许只是朦胧的梦境）的概念并不是一个新事物：

“这很令人困惑。这简直让人以为可能存在四维空间。当然，在这种情况下，”由于热爱几何推理，牧师讲得很快，对自己的知识储备满怀自信，“可能存在任意数量的并排三维宇宙，它们都是另一方天地的梦境。世界之上还有世界，宇宙之上还有宇宙，这完全有可能，没有任何事情比这绝对的可能更令人难以置信了，但我想知道你是如何从你的世界掉进我的世界里的……”

因此，2014 年，三位物理学家在《科学美国人》杂志上提出，我们（假设我们是占据者）现在所占据的世界实际是一种全息影像。文中写道，我们的三维宇宙“不过是一个四维空间世界的影子”。在他们的设想中，我们的整个宇宙都是超宇宙中恒星内爆的产物或分支，这一超宇宙围绕着一个四维黑洞创造了一个三维外壳。我们的宇宙就是那个外壳。听起来威尔斯可能是第一个如此设想的。正如在《四签名》中夏洛克·福尔摩斯所指出的：“我跟你说了多少次，当你排除了所有的不可能，无论剩下的是什么，无论多么不可思议，都必定是真相。”

到目前为止，宇宙学家一直在研究（至少在数学上）不可能的事，而在这个广阔又陌生的宇宙中，谁又能有把握说什么是不可能的呢？我们已经设想出宇宙的诞生是由一团量子泡沫或者是被伪真空包裹的虚粒子引起的，以及暴胀理论可作为宇宙在各个方向上明显的同一性背后的逻辑，怎么还会有不可能的事儿呢？

2015年，一位物理学家提出，宇宙的结构（嵌入星系、黑洞、恒星和行星的结构）可以被视为一种流体。流体具有黏性。水的黏度不是非常高，而糖浆是高度黏稠的。时空可能没有流体那样的黏度，不过仍处于流动的状态。空间在膨胀，这是已经被观测了近一个世纪的现象。想象一个宇宙的空间以更快的速度膨胀，究竟能多快？1998年，物理学家观测到了加速膨胀：他们把具有特定亮度的恒星（被称为1A型超新星）作为标准烛光。也就是说，亮度越弱，距离越远。有了它，物理学家就可以测量宇宙了。当时的研究人员认为他们对事物应该如何发展的设想存在误区，他们观测到最远的标准烛光正在以超出所有预测的速度后退。经过一番思考，他们提出了一个新想法：宇宙中存在着一种力——反重力（时空本身具备的一种典型性质），正在推动宇宙不断加速膨胀；这种持续的膨胀，人类目前在银河系周围及其相邻环境，或在周围的超级星系群环境中都无法检测到，但在遥远的视野中这种力就不可避免地变得显而易见。那之后几个月内，宇宙学家就已经获知了一种无法识别的力量，他们称之为暗能量。它一直伴随着他们已经知道的暗物质存在于太空中。这就又使我们回到了关于宇宙本身性质的问题:宇宙具有黏性吗？如果有，并且暗能量继续以更快的速度推动空间膨胀，那么它那脆弱、假设（记住这一点）的黏性会怎样呢？不过令人欣慰的是，人类总会解决自己提出的问题。在这种情况下，宇宙不会在未来的100万亿年里膨胀至无限快的速度，让自己变得岌岌可危，让我们在极度寒冷和黑暗中迷失方向；相反，在达到一定程度的压力和密度后，它会开始自我分裂。在宇宙黏度无法维持之前会有一个临界点，在那里，物质、时间和空间会像拉到极限的橡皮筋一样突然断开，地球爆炸，太阳系、银河系及所有其他星系也会如此，宇宙将达到理论物理学家所说的“极端状态”。这种事情可能发生在从现在起大约 220 亿年后。当然，在它发生之前，太阳就已经爆炸并焚化了所有最近的行星，因此我们不必焦虑，横竖都是一死。但是，现在的我们很幸福，毕竟能够预言宇宙尽头的奇特景象：一切都会像灯一样熄灭。就像 1953 年阿瑟·C. 克拉克所写的短篇小说《神的九十亿个名字》的结局那样，西藏寺庙中的高速计算机计算出第九十亿个神的名字，放入神的名字清单，两个安装计算机的西方人偷偷溜走了，暗自庆幸脱身，而僧侣在这之后才发现计算机程序无法成事，宇宙不会在第九十亿个名字出现时终结，僧侣抬头一望，看到“苍穹之上，一片寂寥，群星慢慢地闭上了眼睛”。

* * * * * * *

我用了“幸福”一词，波爱修斯用了“慰藉”一词。其实，要理解这种程度的思考何以会带来愉悦感并不容易，除非再次回归人类如此深沉和持久的关注（在宗教、哲学、艺术、文学和科学中都有渗透），就像青铜时代的诗人那样——他们最先开始以书面形式和长久保存的形式记录创世的奥秘和奇迹。在宗教和科学领域，我们都在尝试各种可能性，并撰写一些故事来解释可能的情况。所谓的不可测宇宙论，即多重宇宙、弦论、暴胀、奇点、多维宇宙等理论，其乐趣与某些神学推测并非真正的泾渭分明。

宇宙学家提出暗能量或暴胀的观点，是因为他们在处理一个合乎逻辑但十分棘手的问题，并提供了可能的解决方案。他们提供了一种临时编整故事的方式：这些事情可能是正确的，如果是这样，那么我们就可以在这种假设的基础上解释这种或那种观察到的状态。基督教神学家很早就意识到了关于命运的问题，即那些在耶稣基督献祭救赎之前活着或死去的人的命运，或者那些犯了罪但非常努力地避免再次犯罪的人的命运。他们提出了包括地狱和炼狱在内的超自然地理环境作为解决方案。对于那些一生贤良却在未曾了解基督教真理之前就死掉的不朽灵魂，前者将是一个失落而不痛苦的地方,但丁将维吉尔置于这里，作为到地狱和炼狱的向导。当然，那些不是圣人的灵魂在进入天堂之前也可以在炼狱里洗涤罪孽。《圣经》中没有明确阐述地狱和炼狱，但是也没有明令禁止。也就是说，它们代表了无法被处于现有知识状态的现存人类所检验的想法，但对那些想要深思自己所信宗教的人来说，它们却是有用的。

这确实很好地描述了宇宙学思维的某些实例，但同时存在以下区别：科学假设的全部重点在于检验它是否可以被推翻。如果该假设无法被推翻,且能继续为观察到的事物提供可能的解释，那么它就将成为思考世界的一种可行途径。这并不意味着它一定是正确的或是思考世界的唯一方法。虔诚的宗教信仰需要坚定的信念，而科学实践要求始终保持怀疑的心态。我们这些既不是科学家也不是教徒的人，可以两者兼而有之，但可能更容易接受科学，因为在某种程度上，它代表着能够或总有一天能够被证实的真理。它提供的不是教条式的答案，而是临时的回应。教条不容含糊，要么接受，要么放弃。存疑的头脑是不可能接受“没有任何问题”的。

《哲学的慰藉》是一位早期基督徒撰写的文本，在结尾，他对祈祷“上帝知道”和提问“对，但我怎么知道？”之间的区别提出质疑。文字的艺术完美地阐述了永恒的概念：在那样的永恒中，人们可以同时了解并观察到所有相继发生的人类行为和选择，但仍然要对其做出的选择和选择的行为承担责任。将来之事与神的旨意不尽相同。面对监禁和即将到来的死亡，这种漫长的遐想并不代表科学思维，但是其推理方式也不脱离科学推理的范畴。这提醒我们（好像我们需要提醒一样），艺术与科学之间那个所谓的且曾被频繁提及的鸿沟可能是一种误解，或者根本就不存在。

这样一来,我们又莫名其妙地回到了哥白尼时期。即使我们知道自己不是宇宙的中心，我们也会认为自己是。作为单一星球的公民，我们没有其他视角。我们只能在各个方向上观测到这么远，所以我们肯定是所处世界的中心，也可以说，我们的观点肯定是主观的。但是还有另一个微妙之处，我们认为我们看到了“真实”的世界，实际上,我们的眼睛是看不到的。我们已经在这里了:大脑为我们提供视觉，记录场景并构建世界的图像。我们没有看到，只是以为自己看到了。我们都是不同的个体，这意味着我们每个人的所看、所闻、所嗅、所品、所触都是独一无二的。我无法确认你看到的红色和我认为我看到的红色是同一色调。每个人都生活在一个独特且以自我为中心的世界中，我们别无选择。你可以购买并使用虚拟现实设备，感受它所带来的共享体验，但人们往往会忘记，每个人出生时都预装了嵌入式骨骼防护的虚拟现实设备，用了这原装设备，我们可以为自己投影个人版现实，而不是别人的。我们的行为就像是分享经验，但最终在多屏幕礼堂里，每个人只是孤独的观众，在观看这部或那部小肥皂剧、政治剧或社交喜剧时，试图吸收全部的经验，然后集中精力处理。我们确信自己正站在艺术画廊中亨利·马蒂斯的画作之前，这一说法的证据，无论多么感性，都是在奇怪的神经组织中被处理、组成和体验的。我确信我正站在一家法国省级博物馆里，看着马蒂斯的作品，也许我只是在想象自己这么做。艺术是这些共享经验的最佳媒介：小说、绘画、照片、戏剧、广播喜剧、音乐会、歌剧、电影、摇滚乐、民谣、广告牌、冒险故事、传记、历史和电视连续剧每天不间断地分享着他人的经历和观点，每一个都在提醒我们：尽管我们都是独一无二的，但我们都能以某种令人满意的方式尝试理解他人的想法。我们可能都是主观的，但我们能理解他人的主观性。

科学最大的帮助恰恰是相反的：科学能够或

者起码致力于对地球及与我们共享空间的其他生命进行客观评估，也赋予事物和历史名称。最重要的是，它提供了人类会完全认同的定义，并定义了我们可以利用并在各种意义上都享有的属性。下面来举一个实际的例子。

石灰石是碳酸钙，粉笔也是。两者都是沉积岩，只是硬度不同。被加热的石灰石释放出二氧化碳变成氧化钙，氧化钙是水泥或有时在炼钢和其他工艺中使用的生石灰的前身。石灰石可以单独用作建筑材料，请勿将其与石膏（硫酸钙）混淆。石膏经处理后可用于粉刷墙壁（这里的墙壁已经是用石灰石块堆砌并用水泥基砂浆固定的墙壁）。生石灰燃烧时会发出明亮的白光，在维多利亚时代常用来给音乐厅和剧院照明，这就是“石灰光”一词的由来。石灰石为埃及吉萨大金字塔提供了石头和灰浆；为欧洲基督教大教堂和中世纪英国的城堡提供了建筑材料，支撑了维多利亚时代的英国经济。1865 年，查尔斯·狄更斯在小说《我们共同的朋友》中，将两名秘密证人——初级律师莫蒂默·莱特伍德和高级律师尤金·雷伯恩——引入了名为“六个快乐的搬运工”的酒馆，他们的巡警同伴一来就说道：“在诺斯弗利特的周边，最好不过石灰活计了，石灰上了船后，还会担心你的石灰进了某些糟糕的公司。”然后：

“你听到了吗，尤金？”莱特伍德回头问道，“你对石灰很感兴趣。”

“没有石灰，”那位冷漠的高级律师回来了，“我的人生就没有丝毫希望。”

在诸多层面，科学都阐明了艺术：如果无法共同理解这一共享世界的构成基础，我们就无法理解我们的历史或文学。反之当然也是对的：我们倾向于以违背科学方法的普遍定义的方式来理解、记忆和评价科学。我不认为石灰石只是一种含有 50% 以上碳酸钙的沉积岩，在自然水中具有相对可溶性。这一简单的陈述其实是引出了一个 1 亿年的故事：很久以前，强烈的阳光直射海洋，海洋中富含颗石藻；颗石藻是一种很小的生物，它们具有方解石壳，在死亡或被捕食者消化后，形成无数小颗粒，积成白垩或形成大块石灰泥，其中可能保留了海洋爬行动物的整个骨骼，进而以化学方解石（不是生物方解石）的形态被来自远古海洋的沉淀物覆盖。那是一个非常温暖的世界，在那个世界中，陆地恐龙在如今的阿拉斯加州或南极洲的林地里悠然漫步。1895 年，H.G. 威尔斯写完了《时间机器》，他想知道他的时间旅行者去了哪里：

他会回来吗？他可能会回到过去，跌入石器时代那些茹毛饮血的野蛮人之中跌入白垩纪时期海洋的深渊；跌入侏罗纪时期怪异的巨型爬行动物之中。他甚至可能现在——如果我可以用这个词的话——正徘徊在某些蛇颈龙出没的鲕粒岩珊瑚礁上，或徘徊在三叠纪时期孤独的盐湖旁。他会不会进入了某个未来时代，在那里，人类还是人类，但我们这个时代的谜团已经解开，没完没了的问题也迎刃而解了？

鲕粒岩是一种由贝壳碎片组成的碳酸盐岩。我们知道有蛇颈龙的存在，只是因为它们现在仍然纠缠着古老的珊瑚礁，它们的骨头已经成为海床的一部分，1 亿年后它们被暴露成白垩或石灰岩峭壁。我们能看到它们，仅仅是因为经过数百万年的降雨，地表溶解或清除了较软的石灰石，从而暴露出古代海洋怪兽的诡异结构。威尔斯让蛇颈龙继续为艺术服务。一旦我们理解了科学所讲述的故事，我们就会本能地将科学视为一部伟大的、恒久的史诗或崇高机制的一部分；这是一场赞美整个创造神殿的庆典，同时也赞美组成整个神殿的每一个支柱、拱门、壁龛、檐板、扶壁、地板、框缘、柱顶、像柱、栏杆、饰带和拱廊的美丽和魅力。重要的是要认识到，无论是整体还是部分，都足够精美，我们都为之惊叹；它们讲述的那些激动人心又扣人心弦的故事，我们都拍案叫绝。

此时此刻，在一个近乎完美的英国秋天里，我写着这本书，从最近的窗户望去，最引人注目的就是蜘蛛网的突然出现。它挂在迷迭香的灌木丛或攀缘蔷薇的刺上，蛛丝上凝着细细的晨露，美如珠宝。如果获知这张网是由蜘蛛内部的一种蛋白质织成的，这一幕会不会变得不那么神奇了呢？这种液体丝具有极其不寻常的特性，当液体渗出并拉紧的瞬间，分子就迅速形成网链；从重量比、直径比来看，蛛丝比钢更强，比橡胶更难断裂；一只园蛛可以在不到一小时的时间内旋转200英尺[1]，达到六层厚度，网上形成600多个节

1　1英尺等于30.48厘米。

点。这些特性难道会让蛛网在美学角度显得没有那么神奇吗？

不久前，还可能（现在仍然可能）听到有人说科学是没有灵魂的。对此，我只能委婉地说，对我来说不是那样的。你对事物了解得越多，它就会变得越神秘、越奇妙。大科学（指试图对宇宙本身进行度量并记录其历史）的悖论是谜团越难解，我们越能从可探索的小事物中获得更多的乐趣，以及即使是那些微小的理解障碍，也往往会凸显出未知事物的广度。而且正如我从一开始就说过的那样，由各国政府资助的专家们已经着手这些探索任务，他们明知利润不高，也不会从这次航行中带回金子。CERN、LIGO 等许多项目都有悠久的历史。库克船长带领着“奋进号”航行并观察金星凌日，也是几个跨国项目之一，目的是对穿过太阳表面的行星轨迹进行精确测量，并利用观察结果得出天文单位的正确值，也就是地球到太阳的距离。该任务完成后，英国海军部邀请他近距离观测南太平洋，结果，英国最终夺取了澳大利亚和新西兰，以及许多太平洋环礁和海底山。不过航行的表面初衷是追求科学价值的知识，而非谋得利益。英国也没有立即变得更富有，一定要提的话，那其实是损失——对澳大利亚和太平洋岛屿的土著居民而言。大型强子对撞机、激光干涉引力波天文台和“旅行者号”飞行任务是史诗级的合作探索行为,与它们相比，其他任何人、任何地方的合作事件都不值一提。收益可能是无形且不确定的，但它是所有人都可以得到的，并使我们所有人都富有。

一去四十年

“旅行者号”飞行任务现已进行40多年了，它在历史上的地位是在最初的5年左右确立的。“旅行者2号”是第一个飞越木星、土星、天王星和海王星的航天器。这两架航天器发现了木星的3颗新卫星，随后“旅行者2号”发现了土星的4颗新卫星、天王星的11颗新卫星和海王星的6颗新卫星。“旅行者1号”首次在木星的卫星——木卫一上观测到活火山，首次在地球以外的行星（还是木星）上观测到闪电，以及首次在土星的卫星——土卫六上发现氮气。这两架航天器都在木星的卫星——木卫二上观察到冰层下方可能存在液态海洋的证据。如果在冷冻水的外壳下面有液态水，则肯定有某种事物使水保持液态——热源。热是能量。我们所知道的生存的首要条件（这个短语已是陈词滥调，但还有啥表达方式呢？）似乎就是液态水和热源。我们从海洋底部的黑暗中有了惊人的发现，那里是一个独立的生物世界，不依赖于阳光的能量，而是依赖于从地壳冒出来的海水释放的热量，因此幻想得以继续:太阳系中，地球以外，可能确实存在生命，如果生命可以在太阳系中地球以外的区域进化，那么它就可以在任何能稳定提供能量和液态水的行星上进化并繁衍。

* * * * * * *

“旅行者号”及其黄金般宝贵的记录，提醒着人们对几个世纪以来所称的“多重世界”有着根深蒂固的信念。如果（几代既虔诚又好奇的科学思想家认可的）造物主打算让人类生活在地球的任何地方，那么他也许会希望人类或类似人类的生物或有智慧的实体也生活在地球以外可见的其他领域，甚至生活在远处成千上万的行星（可以想象它们围绕着其他遥远的恒星旋转）上。1837 年,《基督教哲学家》的作者托马斯·迪克基于这一想法，撰写了一篇名为《仙境，或展示的行星系统的奇观,阐明神性完美和世界多重性》

的文章，总结了当时天文学家和物理学家已经掌握的其他行星的信息。其中包括两位伟大的天文学家威廉·赫歇尔和约翰·赫歇尔，迪克的消息来源不容忽视。他提出，土星的平均密度只是水的一半。他如此表述："如果将整个土星放在巨大的海洋中，它会在表面浮动，就像软木塞或轻木在水盆中浮动一样。"但他又提出，土星地表可能和地球地壳的岩石一样致密。土星整个球体可能是空心的，或者充满"某种弹性流体"，但地表可能还是万物的栖息地。他利用掌握到的数据来计算土星的表面积，并估算：如果土星上居民的分布密度与英国人口密度差不多，即 1 平方英里有 280 个人，那么土星就可容纳 5.488 万亿人，是当时地球人口数量的 6866 倍。他还计算出了土星环的表面积："假设这些环也是宜居的（这根本不可能），按照上述的比率，环可以容纳超过 8 万亿人，相当于目前地球人口的 1 万倍。"世界多重性仍然是争论的话题。一位身份不明的评论家在1855年的《爱丁堡评论》中写道，地球上的生命是如此拥挤又重要：

> 大自然的伟大设计者曾如此明确地表示，人类观察范围内的物质宇宙部分应充满了生命，因此这位设计者在地球以外区域留白的可能性极小，而这块“留白”区域理论上同样适合类似的演化，显然也是一个物理连接系统（其面积远远超过陆地表面，就像亿万之于一）的相似部分。

到了1882年，如果说《摩西与地质学》的作者塞缪尔·金恩斯是一位领路人，那么维多利亚时代后期的人们很可能已经明白太阳系的大部分就是一片空白和虚无。“古老的天文学书籍用华丽的语言描述了土星居民所看到的天空，明亮的光环和八颗卫星同时发光；尽管这很诗意，但鉴于跟科学事实背道而驰还是得舍弃，因为土星尚不适合居住。”金恩斯写道，“另外，它可能是一个微型太阳系的中心，伴随它的世界可能饰有各种自然美景，让其居民心旷神怡。”我引用了19世纪的这些猜测的变化来提醒大家，不管我们现在对宇宙条件、结构和组成部分（包括太阳系）是怎样的看法，一个世纪以后人们的看法都是不会跟我们一样的。金恩斯设想了一个小“世界系统”：土星、土星环及其卫星以每天514000英里的速度围绕太阳运转，但每个个体都维持着自身位置，做着确定的运动。他还说：“我们应该惊叹于造物主的力量，他制定法律并控制这颗‘行星王子’沿着一个超过50亿英里的轨道运转，用时不到30年，更准确地说是10795天5小时16分5秒。根据这样的精度，我们可以确定其到达某点的精确时间。”

当然，他是对的。NASA通过喷气推进实验室，利用牛顿的方程式以及前三个世纪的天文学家的观测结果，记录了土星和“旅行者2号”到达太阳系平面同一点的精确（目前看来是精确的）时间。我们中的许多人现在并不崇拜制定规则的造物主，我们可能更惊叹于自己理解法则存在的能力，以及自己能够解释和应用法则的能力。爱因斯坦说："关于宇宙最难以理解的是，它是可理解的。"相遇本身是值得庆祝的时刻。"旅行者1号"于1980年11月11日在土卫六上空3800千米以内飞行；一天后，在距土星的云层上方64200千米处，它拍摄了16000张照片后才开始离开太阳系。"旅行者2号"在1981年8月25日最接近土星，当时全世界都在关注它，广播电视播音员将他们的录音棚货车开到喷气推进实验室；来自美洲各地及伦敦、巴黎和东京的科学作家和广播员都来了。

当时的"旅行者号"和行星研究刚刚开始成为一场面向更广阔世界的智力冒险。"旅行者号"证实了威廉·赫歇尔和约翰·赫歇尔的推测：土星环的厚度不超过250千米；证实了19世纪数学家詹姆斯·克莱克·麦克斯韦的推断，即这些环是由“无限数量的非连通粒子”组成的；它支持了之后天文学家的设想，即这些尘埃和水冰团在某种程度上被较小的卫星“引领”。接着，它又继续前往未知之境。

我们也是。之后的旅程可以被视为微小却来之不易的确定性进步，其中一些是由“旅行者号”和其他任务完成的，我们获得了对未知事物甚至是无法想象的事物越来越广泛的认知。两年之内，飞越土星所收集的信息引出了多个很有价值的问题，以至于欧洲航天局和 NASA 开始讨论对土星和土卫六进行的联合飞行任务：“卡西尼 - 惠更斯号”于 2004 年到达土星。“惠更斯号”探测器于 2005 年 1 月降落在土卫六冻结的甲烷表面，几秒钟之内就沉寂了下来。“卡西尼号”对土星系统进行了 13 年的探测，于 2017 年 9 月葬身于土星。

当太阳系成为物理学一个分支的焦点时，另一个团体开始对更广阔的宇宙信心倍增。当“旅行者 2 号”于 1986 年 1 月飞越天王星记录 11 颗新卫星时，物理学家已经开始从容地谈论“万物理论”。那并不意味着或无法意味着他们期望了解一切，但是他们确实期望在十年或更长时间内了解整个大局：宇宙是如何诞生的，它的历史为何这样发展，为何它似乎对生命较为友好，它会如何以及何时终结。1988 年，斯蒂芬·霍金出版了《时间简史》，该书在畅销书排行榜上停留了 270 多个星期，并被翻译成 40 种语言。它的结束语中预言道，一旦一个完整的理论得以实现，我们就会知道我们和宇宙存在的原因。“这将是人类理性的最终胜利，到那时我们就会了解上帝的想法。”当时，他并不是唯一抱有如此想法的物理学家或天体物理学家。几年后，他和同行们的看法似乎都是对的。“旅行者 2 号”于 1989 年 8 月 25 日飞越海王星表面，记录了 6 颗新卫星，然后完全离开太阳系，仅留下冥王星（如今不再被认为是大行星）供日后探索。同一年，NASA

的科学家和工程师发射了一台名为“宇宙背景探测者”（COBE）的探测器。这名字本身就说明了一切：这是一颗人造卫星，用于监测宇宙大爆炸（宇宙中最古老的光）留下的宇宙背景辐射。实际上，这就是星际空间的温度。到了 1992 年，负责该任务的科学家已经确定了宇宙温度的微小变化，这种不均衡的变化可以解释为什么物质会凝聚成恒星和星系，星体之间留有虚空，而并非物质均匀延展至整个宇宙。这台探测器实际上捕捉到了胚胎宇宙的一张照片。这些发现也被认为是对宇宙膨胀理论的观测支持。“如果你是虔诚的基督教徒，那就像看见上帝一样。”一位科学家在新闻发布会上如此不谨慎地评论道，只是为了强调这些观测的重要性。

越过海王星后，“旅行者 2 号”的摄像机为了省电就关闭了。从那以后，其他传感器将继续讲述这个故事。“旅行者 1 号”在 1990 年拍摄了最后一张照片，其中包括著名的《暗淡蓝点》。

1995 年，瑞士天文学家宣布首次探测到一颗围绕另一恒星旋转的行星，并在行业内引入了“系外行星”一词。如今已有成千上万的系外行星记录在册了。在 20 世纪末，人们开始怀疑这个难以捉摸的万物理论是否能够实现。1998 年，天文学家利用 1A 型超新星的观测结果为宇宙增加了一个新成分：暗能量。有必要再强调一遍，该术语仅是速记形式。没有人知道这是什么东西，也并非所有人都相信它的存在。如果它是空间本身的能量，那么它是如此之小，以至于无法在太阳系、星系甚至星系群的规模上被检测到。它似乎只在宇宙尺度层面表现出来。如果暗能量确实存在，则将其与冷暗物质（另一种尚未被确认的组成星系基础结构的宇宙成分）结合在一起，就约占宇宙万物的 96% 了。换句话说，我们已知的所有可以被定义、测量并记录的事物，如光子、粒子、原子、分子、小行星、行星、恒星和星系，总共加起来只占宇宙万物的 4%，其余的都还处于未知状态。

这样一来，宇宙突然开始变得前所未有的庞大，可以随意畅想多元宇宙、平行世界或无限宇宙的概念，在那里一切都有可能发生，甚至可能有无限的像太阳那样的恒星，那些恒星也被类似八大行星的星体环绕着。如果是这样，那么无数星球就会被像我们这样的生物所占据，其中有些会跟人类的名字一样，甚至会阅读类似这本书的书籍。这些行星上的精英甚至可能已经发射了自己的航天器，离开了自己的恒星系统，而我们永远不会知道。即使存在这样的平行世界，“旅行者号”也永远无法到达。距离如此之远，以至于“天文数字”之类的词语根本不足以囊括。无论如何，这两架“旅行者号”航天器暂时被有 1000 亿颗或更多恒星的银河系的引力所包围，以每秒 17 千米的速度游览，其实也可以视作未到达任何地方。为了省电，这两架航天器身上的一些仪器已关闭数年。

假设可以定义太阳系边缘，研究人员希望获得太阳系以外的更多条件信息。2012 年，CERN 粒子物理学家庆祝了希格斯玻色子这一重大发现，并于同一年宣布“旅行者 1 号”是星际空间中的第一个人造体。两项声明言辞明确，但都难以精确定义。据说“旅行者 1 号”已经通过了日球层顶，那是一个模糊的边界，在那里，太阳喷出的物质与其他恒星喷出的物质一致。但每架航天器在通过奥尔特云之前还有很长的路要走，奥尔特云也可以被视为另一种边界。这是一片假定的区域，是偶尔掉向太阳的彗星所在地，也可以被认为是最后的边界。这两架航天器的能源正在逐渐减少，即将耗尽。每架航天器都配有放射性同位素热电发生器，它们利用放射性衰变的热量来提供电能，但是一旦同位素衰变，那就彻底结束了。航天器还都配备了肼推进器——从喷嘴喷气的小箱子（牛顿定律再次起作用），这意味着每架航天器都可以改变航向，转动天线或调整摄像机角度。因此，为延长“旅行者1号”的寿命，NASA工程师于2017年在“旅行者1号”上测试了一套备用推进器，该推进器上一次使用是在1980年。如果它们需要改变航向来观测太阳系中已知最远绕轨运行的天体上的某些奇景，现在还有别的方法。但是在2020年之后的某个时间点，即使是完全出乎意料的问题也只是学术性问题。“旅行者1号”和“旅行者2号”将保持沉默，并将继续在星系中穿行，无声无影，承载着1977年有关地球的镀金声明。LIGO、大型强子对撞机、哈勃太空望远镜，以及几乎任何叫得出名的重大科学项目，都代表着解决特定难题的共同尝试。每个难题都是一系列更大问题的一部分：宇宙从何而来？生命从何而来？我们从何而来？

第一个问题可能永远不会有答案，哪怕只是因为它可能是一个不合逻辑的问题。我们被囚禁在宇宙中一个很小且很新的组成部分中，而宇宙是由物理力（以人类有限的理解）创造出来的。

从任何意义上讲，要获知“宇宙从何而来”都超出了我们的能力范围。但是，至少我们可以开始构想问题，并推论出假设的答案。关于第二个问题，仅通过研究地球上的生命是无法回答的。我们现在认为的“全球生物最后的共同祖先”，它们来到世上时，走起路来地动山摇，摧毁了任何前辈或先前失败尝试的证据。但是宇宙似乎富含有机化学物质。2014 年，欧洲航天局发射的“菲莱号”小探测器降落在彗星表面，发现了 16 种有机化合物。1969 年，一颗陨石掉落在澳大利亚，其中含有约 15 种氨基酸，这些是构成血和肉的蛋白质的基础。这些物质如何组成第一种细菌仍然是未解之谜。如果宇宙的其他任何地方有任何生命，而我们又能目睹它们的形成过程，或许就能够识别出以某种方式在偶然发生的生物化学过程中创造消耗能量、不断繁殖的实体的机制，或许还能开始对控制生命的规律有更多的了解。第三个问题应该是可以回答的，因为从某种意义上说，我们可以观察到人类前史及已灭绝的原始人的演变过程。原始人的一些行为在我们看来，跟如今的我们是不一样的。不过，在我们回答这个问题之前，我们可能也已自我毁灭很久了。

太阳之死将不仅是我们的死亡，还是我们所了解的一切和尝试的一切的死亡。我们的大型强子对撞机和激光干涉引力波天文台将与我们的图书馆、博物馆、石棺、军火库一起被分解成原子。如果我们在宇宙中是孤独的，那么我们将消失，而一个粗心大意、无畏无情的宇宙将永远不会知道我们曾来过。

这是结束，也是开始。在我们悄然离开很久以后，离我们最近的恒星的垂死挣扎已经抹去了我们曾经存在的任何证据，“旅行者 1 号”和“旅行者 2 号”仍将穿越茫茫宇宙，周遭漆黑，默默不语，带着身上的故事，在希望而非预料中远游。它们都传达着相同的话语，这些话出自美国前总统吉米·卡特之口，但对我也意义非凡：

这是一份来自一个遥远的小小世界的礼物，上面记载着我们的声音、我们的科学、我们的影像、我们的音乐、我们的思想和感情。我们正在努力度过自己的时代，以期能与你们的时代共融。

参考文献

Douglas Adams, *The Hitchhiker's Guide to the Galaxy*, with a foreword by Russel T. Davies (Pan Books, London, Basingstoke and Oxford, 2009, first broadcast by BBC Radio 1978, first published 1979)

Niayesh Afshordi, Robert B. Mann and Razieh Pourhasan, 'The Black Hole at the Beginning of Time: do we live in a holographic mirage from another dimension?' *Scientific American*, 311.2 (2014)

Anonymous, 'The Plurality of Worlds' , in *Edinburgh Review or Critical Journal*, 102.208 (Longman, Hurst, Rees, Orme, Brown and Green, London, and Adam and Charles Black, Edinburgh, 1855)

Augustine, *Concerning the City of God against the Pagans*, translated by Henry Bettenson (Penguin,

Harmondsworth, 1984)

Boethius, *The Consolation of Philosophy*, translated by Victor Watts (Penguin, London and New York, 1999)

Eric Burgess, *Far Encounter: The Neptune System* (Columbia University Press, New York, 1991)

Ritchie Calder, *Man and the Cosmos: The Nature of Science Today* (Penguin, Hardmondsworth, 1968)

Arthur C. Clarke, *The Exploration of Space* (Temple Press, London, 1951)

Arthur C. Clarke, 'The Nine Billion Names of God' , in *Of Time and Stars*, Introduction by J.B. Priestley (Penguin in association with Gollanz, Harmondsworth, 1981, first published 1953)

Dante Alighieri, *The Divine Comedy*, translated by Dorothy L. Sayers (Penguin, Harmondsworth: Hell, 1949; Purgatory, 1955; Paradise, 1962)

Thomas Dick, *Celestial Scenery, or the Wonders of the Planetary System Displayed: Illustrating the Perfections of Deity and a Plurality of Worlds, Vol. VII* (Harper & Bros., New York, 1845)

Charles Dickens, *Our Mutual Friend* (Oxford Illustrated

Dickens, OUP, London, 1967; first published 1865)

Arthur Conan Doyle, *The Sign of Four*; Introduction by Peter Ackroyd; Notes by Ed Glinert (Penguin Classics, Penguin, London, 2001)

Louis Friedman, *Starsailing: Solar Sails and Interstellar Travel* (Wiley, New York, 1988)

J.B.S. Haldane, *Possible Worlds and Other Essays* (Chatto & Windus, London, 1930)

Jacquetta Hawkes, *A Land* (Pelican, Harmondsworth, 1959; first published 1951)

Stephen Hawking, *A Brief History of Time: From the Big Bang to Black Holes* (Bantam, London, 1988)

Samuel Kinns, *Moses and Geology: or, the Harmony of the Bible with Science* (Cassell, Petter, Galpin & Co., London, 1882)

C.S. Lewis, *The Discarded Image: An Introduction to Medieval and Renaissance Literature* (Cambridge University Press, Cambridge, 1964)

C.S. Lewis, *The Screwtape Letters* (HarperCollins, London, 2001)

C.S. Lewis, *Out of the Silent Planet* (Voyager, London,

2003)

John Milton, *Comus in 'Selected Poems'; Edited and with an Introduction and Notes by John Leonard* (Penguin Classics, Penguin, London, 2007)

Richard Panek, *Seeing and Believing: The Story of the Telescope, or How We Found Our Place in the Universe* (Fourth Estate, London, 2000)

Martin Rees, *Just Six Numbers: The Deep Forces that Shape our Universe* (Weidenfeld & Nicolson, London, 1999)

Leonardo Ricci, 'Dante' s insight into Galilean invariance' , *Nature*, 434.7034 (2005)

Bertrand Russell, H*istory of Western Philosophy and its Connection with Political and Social Circumstances from the Earliest Times to the Present Day* (Allen & Unwin, London, 1946)

Carl Sagan, *Pale Blue Dot: A Vision of the Human Future in Space* (Headline, London, 1995)

Jagjit Singh, *Modern Cosmology* (Penguin, Harmondsworth, 1970)

Steven M. Weinberg, *The First Three Minutes: A Modern View of the Origin of the Universe* (Andre Deutsch,

London, 1977)

H.G. Wells, *The Wonderful Visit* (J.M. Dent & Sons, The Wayfarer’ s Library, London, 1914; first published 1895)

H.G. Wells, *The Time Machine* (Book Club Associates, London, 1980; first published 1895)

补充书目

Henry C. Dethloff and Ronald A. Schorn, *Voyager's Grand Tour: To the Outer Planets and Beyond* (Smithsonian Institution Press, Washington, D.C., 2003)

Ben Evans with David M. Harland, *NASA's Voyager Missions: Exploring the Outer Solar System and Beyond* (Springer, London, 2004)

Christopher Riley, Richard Corfield and Philip Dolling, *NASA Voyager 1 & 2: Owners' Workshop Manual* (Haynes Publishing, Yeovil, Somerset, 2015)

致谢

如果没有家人的支持，没有经纪人威尔·弗朗西斯的鼓励，没有编辑朱丽叶·布鲁克的严谨以及德拉蒙德·莫伊尔的慷慨支持，这本书根本就不会诞生。我在书中列出了直接引用内容的来源，但是就其实质和主题而言，我要感谢英国皇家天文学会图书馆的支持，另外还要感谢曾经与我交流过的每一位科学家以及我阅读过的每一本书。书中如有错误，我将全权负责。